D1936363

Arno Wohlfahrter

Das Gavia-Prinzip

Management braucht SPORT braucht Management

novum pro

Bibliografische Information
der Deutschen Nationalbibliothek:

Die Deutsche Nationalbibliothek verzeichnet diese Publikation in der Deutschen Nationalbibliografie. Detaillierte bibliografische Daten sind im Internet über http://www.d-nb.de abrufbar.

Alle Rechte der Verbreitung, auch durch Film, Funk und Fernsehen, fotomechanische Wiedergabe, Tonträger, elektronische Datenträger und auszugsweisen Nachdruck, sind vorbehalten.

© 2010 novum publishing gmbh

ISBN 978-3-99003-251-0
Lektorat: Mag. Phil. Tamara Barmüller

Gedruckt in der Europäischen Union auf umweltfreundlichem, chlor- und säurefrei gebleichtem Papier.

www.novumpro.com

AUSTRIA · GERMANY · HUNGARY · SPAIN · SWITZERLAND

Inhaltsverzeichnis

„Der Tag, an dem die harten Männer weinten", titelte die Gazzetta dello Sport anlässlich der Ereignisse bei der Königsetappe des Giro d'Italia 1988 über den berüchtigten Gavia-Pass. Schnee, Schlamm, Bedingungen, die noch am Start kein Mensch für möglich gehalten hätte. Viele gaben auf. Andere nicht. Autor Arno Wohlfahrter hielt durch und erreichte das Ziel. Nach seiner Radkarriere wechselte er in die Wirtschaft, wo er ebenso erfolgreich ist. Diese Entwicklung teilt er mit vielen Sportlern, von Gerhard Berger bis Klaus Heidegger, von Heinz Kinigadner bis Hubert Neuper. Es brauchte einen Menschen aus dem Spitzensport, um ihre Wege nachzuzeichnen und sie in den Kontext erfolgreicher und ethischer Wirtschaft zu setzen, mit aller Expertise und Glaubwürdigkeit einer Persönlichkeit, die es gewohnt ist, Verantwortung zu tragen.

1. Einleitung

Sport war von früher Jugend an ständiger Begleiter meines Lebens. In Kärnten auf die Welt gekommen, landete ich im Kindesalter typischerweise beim Skisport: zuerst alpin, später auch nordisch. Irgendwann begann ich im Sommer mit dem Rennrad zu trainieren und nahm an Hobbyrennen teil, von denen ich einige gewann. Plötzlich stand die Faszination Radsport in meinem Leben. Ich löste eine Lizenz und fuhr bald bei den „ganz großen" Rennen mit. Erste Siege stellten sich ein, ich entwickelte mich weiter. Im Alter von sechzehn war mir klar, dass ich Radprofi werden wollte, am Giro d'Italia teilnehmen, Rad an Rad mit Roberto Visentini, Pepe Saronni, Steven Roche.

Nach der Matura hatte ich die Chance, mich im Bundes-Sportzentrum Südstadt voll auf den Sport zu konzentrieren, drei Jahre später war es Realität: Ich unterschrieb meinen ersten Profivertrag. 1988, in meinem ersten Profijahr, nahm ich gleich am Giro d'Italia teil und durfte eine der wohl härtesten Etappen nicht nur des Giro, sondern vor allem meiner Sportlerkarriere erleben. Es war eine Etappe, die nicht planbar war: Das Wetter spielte verrückt. Wegen eines Temperatursturzes mussten wir uns im Schneegestöber über einen der schwersten Alpenpässe kämpfen, rauf auf 2618 Meter Seehöhe, auf Schneefahrbahn, zwischen meterhohen Schneewänden. Rauf auf den Passo di Gavia.

Ich habe im Sport viel gelernt, eine der größten Lektionen allerdings an diesem einen Tag. Vieles davon stellte und stellt bis heute eine große Ressource für meine berufliche Laufbahn dar. In den folgenden Jahren und Jahrzehnten habe ich die Entwicklung vieler Sportkollegen im und nach dem Sport verfolgt und dabei sehr interessante Karrieren beobachtet.

So manifestierte sich das Gavia-Prinzip, Schritt für Schritt: vom ersten Gedanken zu dem nun vorliegenden Buch. Das

Buch zeigt Parallelen zwischen Sport und Wirtschaft. Es ist die Geschichte von Sport und Wirtschaft.

Das Buch lebt von den Erfahrungen außergewöhnlicher Menschen, die ihre Geschichte erzählen. Von der Bedeutung des Sports für ihr Leben. Von der Verflechtung der Wirtschaft im Sport. Und davon, was sie gelernt haben. Wie sehr Sport ihr Leben prägte.

Sie werden feststellen – es gibt keinen Königsweg, kein Patentrezept zum Erfolg. Erfolg stellt sich dann ein, wenn man das macht, was man wirklich, wirklich machen möchte. Wenn man seinen Weg geht, nicht in den Schuhen anderer einer Spur folgt. Zu seinen Schwächen steht, an ihnen arbeitet, ebenso konsequent wie an seinen Stärken. Demut lernt in Niederlagen, zu feiern bei Siegen. Mit jedem Schritt besser wird und vor allem beginnt, seinen Weg zu gehen: Erst das Losgehen bewegt!

Mein aufrichtiger Dank gilt den Menschen, die bereit waren, mir ihre Erfahrungen für dieses Projekt anzuvertrauen. Ich habe so viel von jedem Einzelnen gelernt! Danke!

Arno Wohlfahrter

2. Ich habe mit Arno Wohlfahrter geduscht …

… und würde es jederzeit wieder tun!
Exradprofi Fritz „Magic" Berein über seine gemeinsame Zeit mit dem Autor

Es ist irgendwann Mitte der Achtziger des vergangenen Jahrhunderts, als ich den Radrennsport für mich entdecke. Wenn ich jetzt „Radrennsport" schreibe, dann meine ich damit die damals einzige Form von Radrennen mit öffentlicher Wahrnehmung und somit Existenzberechtigung: den Straßenrennsport!

Alle anderen Formen der wettkampfartigen Fortbewegung auf Fahrrädern sind zu dieser Zeit entweder noch nicht erfunden, oder werden als mehr oder weniger skurrile Trotzwinkerln angesehen.

Ich selber bin in diesen Tagen auch mit rasender Geschwindigkeit unterwegs. Körperlich zwar am Rennrad, innerlich aber genau in Richtung dieser exotischen Spielwiesen der verlorenen Seelen des Radfahrens. Denn bei Radrennen kann ich zu dieser Zeit nur durch Neonstyle (die seligen Achtziger!), riesige Sonnenbrillen und Styroporflügel am Sturzhelm, aber sicher nicht mit sportlicher Leistung auffallen.

Arno Wohlfahrter hingegen ist eine große Nummer im heimischen Radsport. Er spielt in einer anderen Liga. Er ist stark. Er ist im Nationalteam. Er bestimmt Rennen. Er gewinnt!!! Rennen. Er lächelt aus dem Fernsehen. Er hat etwas zu sagen. Er ist jemand, der interessiert auf einen jungen Spund wie mich herabblickt … aber auch einer, zu dem man aufschauen kann. Er ist weltberühmt – in Österreich!

Einem Interview von ihm habe ich es zu verdanken, dass meine Hoffnung, doch noch ein erfolgreicher Radrennfahrer zu werden, nicht gleich den Bach runtergeht, sondern erst 20 Jahre später. Danke Arno! Sinngemäß meint er damals nämlich, dass in Österreich jeder noch so talentfreie Poidl ein Radrennen gewinnen wird können, wenn er nur genug trainiert. Also auch ich!

1987 gewinnt Arno Wohlfahrter in seiner Kärntner Heimat am Villacher WM-Kurs den Staatsmeistertitel im Straßenrennen. Zweifellos ein sportlicher Meilenstein im Leben eines jeden Rennfahrers. Ein Radsportler der Leistungsklasse Arno Wohlfahrters hat damals im geschützten Bereich „Österreichischer Radsport" ein recht angenehmes Leben – unterstützt vom Bundesheer, der Sporthilfe und der Mannschaft. Nicht zu vergessen, die persönliche Eitelkeit, schließlich bekommen die damaligen „Berufsamateure" genau wie die richtigen Stars ihre Bäuche entsprechend gepinselt. Es gibt also absolut keinen vernünftigen Grund, den lustig sprudelnden warmen Jacuzzi des heimischen Amateursports gegen das grauslich kalte und sturmgepeitschte Haifischbecken des Profisports zu tauschen.

Arno tut es trotzdem. Österreich ist ihm zu klein geworden. Er biegt vom vorgegebenen Trampelpfad ab und geht seinen eigenen Weg. Vom Zaun, der die Insel des seligen heimischen Sports beschützt, fühlt er sich eingesperrt. Logische Konsequenz: drübersteigen! Arno tauscht Sicherheit und relativ leichte Rennen gegen Mindestsalär und brutales Renngeprügel im internationalen Profigeschäft.

Entgegen gut gemeinter Ratschläge und ohne nennenswerte Unterstützung verlässt er die heimische Szene in Richtung Italien, wo ihm ein Vertrag in einem renommierten Rennstall zur Unterschrift vorgelegt wird. Geschenke gibt's im neuen Umfeld höchstens vom Christkind: gewaltiger Leistungsdruck, irrsinniger Reisestress, unglaubliche Rennbelastungen, überlegene Gegner, teaminterner Kampf um den Startplatz beim nächsten Rennen … Du darfst dir keine Schwäche erlauben und schon gar keine zeigen, wenn du mit den großen Buben spielst. Arno gelingt diese Umstellung. Er verdient sich den Respekt der Mannschaft und das Vertrauen der Teamleitung. Der Druck wird größer. Die Erwartungen an das Talent steigen. Unter Umständen werden dann irgendwann Dinge an ihn herangetragen, die manche Menschen seiner Umgebung vielleicht als selbstverständlich ansehen. Möglicherweise legen Menschen in seinem Umfeld Verhaltensweisen an den Tag, die für sie seit jeher als normal gelten. Sie stehen aber zu hundert Prozent entgegen der Moralvorstellung von Arno

Wohlfahrter. Er ist nicht bereit, seine Überzeugung aufzugeben und persönliche Prinzipien am Altar des schnellen Erfolgs zu opfern. Arno zieht die Konsequenzen und trägt auch jene, die sich daraus für ihn ergeben.

Man muss sich das einmal vorstellen: Das ist etwa so, als ob du mit sechzehn Jahren einen Anruf vom renommierten Formel-1-Konstrukteur und gleichzeitigen Teamchef kriegst, in dem er dich auffordert, doch bitte gefälligst seinen neuen unschlagbaren Geniestreich auf der Rennstrecke zu pilotieren, und du lehnst ab, weil deine Erbtante dir das Versprechen abgenommen hat, ohne Führerschein nicht Auto zu fahren. Punkt. Jahrzehnte später stellt sich dann heraus, dass es damals Colin Chapman war, der dir seinen Lotus 72 umhängen wollte, und du anstelle von Jochen Rindt gegen die Wand rauschen hättest können …

Erneut geht Arno Wohlfahrter also nicht den ausgetrampelten Pfad, sondern bleibt auf seinem Weg. Der ist zwar gerade, aber auch steiniger. Dafür kann er sich noch heute jeden Tag beim Rasieren in den Spiegel schauen.

Nach mehreren Teamwechseln, unter anderem in den Rennstall rund um den italienischen Superstar Moreno Argentin, von Felice Gimondi gemanagt, und 5 prägenden Saisonen als Profi kehrt er 1993 nach Österreich zurück und wird als Kapitän eines vom Verband als Talentschmiede etablierten Rennstalls verpflichtet. Eine gute Wahl, wie sich herausstellt. Nun wieder bei nationalen Rennen am Start, lerne ich den mittlerweile als Routinier geltenden Kärntner persönlich kennen. Auch unter der Dusche.

Übertriebenen persönlichen sportlichen Ehrgeiz darf man Arno Wohlfahrter in diesen Tagen nicht gerade zum Vorwurf machen. Vielmehr widmet er sich mit Hingabe dem Formen einer Mannschaft. Dem Leitwolf gelingt es, aus einer Horde junger wilder Einzelkämpfer, die zufällig das gleiche Teamtrikot tragen, eine effizient funktionierende Mannschaft zu formen. Nicht weniger als sieben Mann schaffen von diesem Sprungbrett aus den Umstieg ins internationale Profigeschäft und fassen dort erfolgreich Fuß. Unterhält man sich heute mit den Teamkollegen von damals, sind sie sich ausnahmslos einig: Alle betrachten die Jahre mit Arno noch immer als lehrreich und wichtig für ihr weiteres Leben. Egal, ob sie heute Mediziner, Techniker, Banker, Radhändler, Manager, Kommunalpolitiker, immer noch erfolgreicher Radprofi mit mehreren Tour-de-France-Starts sind – alle haben in nicht unerheblicher Weise aus ihren Erfahrungen und Erlebnissen mit Arno Wohlfahrter für ihr weiteres Fortkommen Profit schlagen können. (Okay, einer ist auch Polizist geworden.)

Arno selbst widmet sich parallel zum Radsport bereits seiner eigenen beruflichen Zukunft und beschließt Mitte der Saison 1994, sich nie wieder eine Startnummer auf den Buckel zu schnallen. Über den ambitionierten Journalismus und dessen billige Schwester – das Marketing – startet er eine beeindruckende Karriere im Wirtschaftsleben. Das Schöne – und gleichzeitig Grausliche – am Spitzensport ist, dass er nicht anders funktioniert als die moderne Wachstumsgesellschaft mit all ihren nicht immer gesunden Ausuferungen. Spitzensport und Wirtschaft sind den gleichen Mechanismen und teilweise perversen Abläufen unterworfen, nur passieren diese beim Leistungssport oft viel intensiver und schneller als im „echten Leben".

Sport ist nicht immer nur Spielwiese. Oft ist er auch Schlachtfeld. Dafür hat jeder ehemalige Leistungssportler mehr Eindrücke und Erlebnisse im kleinen Finger der linken Hand, als sie je in lustigen Managementtrainings oder wissenschaftlich ausgeknobelten Grenzerfahrungsseminaren vermittelt werden könnten.

Ich kenne den Berufsmenschen Arno Wohlfahrter nicht. Aber ich habe den Radfahrer Arno Wohlfahrter erlebt. Und ich bin mir sicher, dass der Manager Wohlfahrter sehr viel vom Sportler Arno gelernt und übernommen hat.

Mich hat immer schon beeindruckt, wie genau er den Kern einer Sache erkennt. Mit der Präzision eines sonargesteuerten Torpedos trifft er den Punkt. Entsprechend kracht es halt auch, wenn er einem seine Sicht der Dinge vermittelt. Hat man das aber einmal geschluckt, wird man dankbar anerkennen, dass seine Analyse den Nagel in der Regel auf den Kopf trifft. Er darf erbarmungslos direkt agieren, denn Arno wird zu sich selbst noch viel härter sein als zu jedem anderen

Schon als Radrennfahrer hat er sein Potenzial richtig eingeschätzt, die Ziele danach definiert und gewusst, seine Prioritäten dementsprechend zu setzen. Man kann sich hundertprozentig darauf verlassen, dass Arno für das Erledigen seiner Aufgabe alles gibt. Er wird dabei aber niemals – ich betone: niemals! – seine persönlichen Prinzipien aufweichen, auch wenn es die Mehrheit eigentlich ohne Bedenken als opportun ansieht. Als Teamkapitän ist er eine der seltenen anzutreffenden Führungsfiguren, die nicht in erster Linie damit beschäftigt sind, ihre Leaderposition zu festigen, sondern sich darum kümmern, jedes einzelne Mitglied ihrer Mannschaft stärker zu machen.

Ich bin der festen Überzeugung, dass der heutige berufliche Erfolg Arno Wohlfahrters auf menschliche Werte und charakterliche Eigenschaften zurückzuführen ist, die ihn schon als Radrennfahrer ausgemacht haben.

Ich habe ja keine Ahnung, wie das in der bunten weiten Welt der Wirtschaft so gehandhabt wird. Sollten Sie aber je vor der Frage stehen, ob Sie jetzt mit Arno Wohlfahrter unter die Dusche steigen sollen oder nicht, so kann ich Sie beruhigen:

Sie werden sicher sauber aus der Sache rauskommen.

Ich für meinen Teil würde es jederzeit wieder tun.

3. Das Gavia-Prinzip

oder: Was man an einem Tag beim Giro d'Italia lernen kann

Gavia

Der Gavia-Pass (ital. Passo di Gávia) ist ein Gebirgspass in den italienischen Alpen. In der Lombardei gelegen verbindet er Bormio im Norden mit Ponte di Legno im Süden und ist 43 km lang. Auf der Nordrampe sind 10 Kehren bis zur 2618 Meter über dem Meer gelegenen Passhöhe zu durchfahren, auf der Südrampe 15 Kehren (zu jeder Kehre gibt es im Folgenden ein Prinzip). Der zu überwindende Höhenunterschied beträgt jeweils etwa 1400 Meter.

Der Pass präsentiert sich auf seiner Nordrampe relativ gut und zweispurig ausgebaut. Die erst Ende der 1990er-Jahre durchgängig asphaltierte Südrampe hingegen weist einige sehr enge Kehren und eine teilweise nur drei Meter breite Fahrbahn mit gelegentlichen Ausweichstellen auf. Hier befindet sich auch ein etwa 200 m langer Tunnel, der als Umfahrung eines mittlerweile für den Verkehr gesperrten, sehr ausgesetzten und engen Abschnitts dient. An stärker frequentierten Tagen kann es insbesondere auf der Südrampe zu chaotischen Verkehrsverhältnissen kommen, da zu wenig Platz ist, als dass zwei Fahrzeuge aneinander vorbeifahren könnten.

Die Passhöhe liegt zwischen dem Monte Gavia (3223 m) und dem Corno dei Tre Signori (3360 m) und bietet einen guten Ausblick auf die Gletscher der Adamellogruppe.

Der Gavia-Pass wird gelegentlich in anspruchsvolle Bergetappen des Giro d'Italia eingebunden und markiert dann in der Regel den höchsten Punkt des Rennens, den sogenannten Cima Coppi, an dem die meisten Bergwertungspunkte vergeben werden.

1988 war es die 14. Etappe des Giro d'Italia. Eine historische Etappe,120 Kilometer lang: Chiesa–Valmalenco–Bormio, über den Passo dell'Aprica und den Gavia von der Südseite, damals noch teilweise unasphaltiert.

Dazu möchte ich Ihnen wiedergeben, was Bob Roll, damals im 7-Eleven-Team, zu diesem Tag schrieb. Die Gazzetta dello Sport titelte am nächsten Tag: „Der Tag, an dem die harten Männer weinten."

Der folgende Abschnitt stammt aus „Bobkes Welt: Radsport auf die wilde Tour" von Bob Roll, Verlag Covadogna. Ich habe den Artikel unter http://www.forum.cycling4fans.com/thread.php?postid=943381 am 06. Dezember 2009 im Web entdeckt. Wie sonst kaum ein Textdokument schildert er, was es damals hieß, diesen Pass im Peloton des Giro zu überwinden:

Der Tag, an dem die harten Männer weinten

Vor der Gavia-Etappe waren schon seit Tagen immer dichtere Wolken aufgezogen, dunkel, wie schwarzes Leder. Und am Vorabend, als wir gerade den Streckenverlauf nach Bormio besprachen, öffnete der Himmel seine Pforten und kalter Regen prasselte darnieder. Keine Frage, uns stand eine epische Etappe bevor ...

Der Startschuss erfolgte in garstigem, kalt die Beine hochkriechendem Regen im Tal unterhalb von Chiesa Valmalenco. Angeführt von den Bongos, die Coppino (Franco Chioccioli, den Doppelgänger von Fausto Coppi) im rosa Trikot hatten, rollte das Peloton widerwillig aus der Stadt hinaus. Nicht so aggressiv wie gewöhnlich, eher voller Angst, nahm das Feld Kurs auf die Dolomiten.

Die erste echte Hürde war nach 70 Kilometern der Passo dell'Aprica auf 1181 Metern Höhe. Als wir den Gipfel in geschlossener Formation überquerten, verwandelte sich der Regen schlagartig in Schnee, der auf der Straße liegen blieb. Mit Ausnahme von Ariosteas Hirnchirurgen Stefan Joho, der hier zu Hause war und allein voranfuhr, begnügten sich alle Jungs damit, sich so lange wie möglich in der relativen Sicherheit des Pelotons zu verschanzen. Die Abfahrt vom Aprica jagte mir ziemliche Angst ein, weil die gefrorenen Eisblöcke, die wie meine Hände aussahen, es nicht mehr schafften, die Bremshebel zu betätigen. Ich schlitterte nur so durch die Kurven und rammte andere Fahrer, um irgendwie an Tempo zu verlieren.

Als es wieder flacher wurde, riss Roberto Pagnin aus, konnte aber nur ein paar Sekunden rausholen, da Del Bongo nun zu einem Teamzeitfahren an den Fuß des Gavia ansetzte. Aua! Meine Beine fühlten sich bereits wie versteinerte Bretter an, als wir durch Ponte di Legno kamen, den letzten bewohnten Außenposten vor dem Gavia. Dann, als sich alle Kletterer und Klassementfahrer an die Spitze begaben, passierten wir das Schild für den Bergpreis. 28 verfluchte Kilometer bis nach oben. ummmhhh, ummmhhh, ummmhhh – lecker!

Normalerweise wäre nun der Zeitpunkt gekommen, an dem ich mich ins Gruppetto der Sprinter zurückfallen lassen und mein Bestes versuchen würde, irgendwie im Zeitlimit das Ziel zu erreichen. Ich sprintete also ein letztes Mal zu Andy nach vorne, um ihm seine Regenjacke zu bringen, die ich am Teamfahrzeug geholt hatte. „Viel Glück, Püppchen – brat ihnen eins über", gab ich ihm mit auf den Weg.

Doch als ich mich endlich zurückfallen lassen konnte und wieder von unserem Mannschaftsauto eingeholt wurde, sah ich einen offenkundig äußerst aufgeregten Mike. Und weil das so selten vorkam, machte mich dieser Anblick schlagartig nervös. Er schrie etwas von einem heftigen Schneesturm auf der Passhöhe, reichte mir Skihandschuhe, eine Wollmütze, eine trockene Jacke und sagte: „Bring das nach vorne zu Andy!"

„Scheiße", sagte ich: „Machst du Witze?"

„Zur Hölle, nein! Bring endlich Andys Klamotten nach vorne. Auf der Stelle!"

Ich schüttelte meinen Kopf, biss auf die Zähne und begann, Stück für Stück wieder zur Spitzengruppe aufzuschließen. Ich brauchte fünf Kilometer, dann hatte ich sie endlich eingeholt: Andy, Breuk, Giovannetti und Giupponi. Ich brüllte zu Andy: „Hier, nimm den Scheiß. Oben auf dem Pass tobt ein Schneesturm."

Andy schien überrascht, mich nach zehn Kilometern im Berg noch an der Spitze zu sehen. Er schaute mich an, als käme ich vom Mars. Als ich allmählich wieder aus der Spitzengruppe zurückfiel, sah ich zwei Spitzkehren über mir, wie das Maglia Ciclamino im Solo davonflog – bis es im heftigen Schneetreiben verschwand, und mit ihm sein Träger Johan van der Velde.

Ich sah auch viele der gefeierten Favoriten für die Gesamtwertung in diversen Stadien der Verzweiflung. Slim Zim litt, und Coppino war nur noch ein erbärmliches Häuflein Elend. Visintini war drauf und dran aufzugeben, und Delgado hatte gerade entschieden, dass dieser Giro d'Italia für ihn nicht mehr als eine Tour-Vorbereitung sein sollte.

Abgesehen von seiner Länge, seiner Steilheit und den fast 1400 Höhenmetern wartete der Gavia noch mit einer anderen üblen Besonderheit auf: Die letzten 15 Kilometer waren nicht asphaltiert! Wenn es trocken war, erstickte man am Staub … aber bei Regen und Schnee musstest du alle Kraft allein dafür aufbringen, nicht umzufallen, während die Räder immer tiefer im Morast versanken.

Und auch wenn es noch zehn Kilometer bis zur Passhöhe waren, wurde die Schneedecke auf dem Schlammpfad immer dicker. Ich stampfte weiter – zumeist allein, aber hin und wieder passierte ich auch die schneebedeckten Überreste einer Radsportikone. Drei Kilometer vor der Passhöhe ging es durch einen Tunnel, der mich kurzzeitig vom ständigen Gestöber der Flocken erlöste. Kopfschüttelnd befreite ich meine Rennmütze etwas vom Schnee, der sich auf ihr angesammelt hatte, und ließ mir von einem der ganz wenigen Tifosi am Straßenrand eine Tasse heißen Tee geben.

Vorne blieb ein äußerst hartnäckiger Andy an Breuk dran. Die beiden lagen knapp zwei Minuten hinter van der Velde, der sich die Bergwertung sicherte. Ich überquerte die Passhöhe in den Top 20, und Och, der auf dem Gipfel mit unseren Regenklamotten wartete, fielen fast die Augen aus dem Kopf, als er sah, dass der große böse Bobke zwar nun langsam starb, aber immer noch in Gesellschaft der Kletterer fuhr. Ich schnappte mir eine Regenmütze, langfingrige Handschuhe und eine Oakley-Brille und machte mich von der Passhöhe auf ins 15 Kilometer entfernte Bormio. Eigentlich hatte ich gedacht, ich könnte 15 Kilometer Abfahrt in jedem nur denkbaren Zustand bewältigen. Zu jeder Zeit und an jedem Ort der Welt. Doch vermutlich habe ich mich in meinem ganzen Leben nie dermaßen geirrt.

Nach einer brillanten Kletterpartie fuhr van der Velde, der sich, um weiter Zeit zu gewinnen, keine zusätzlichen Klamotten übergezogen hatte, einsam an der Spitze und trug virtuell bereits das rosa Trikot. Doch nach nur zwei Kilometern Abfahrt kniete ein geschlagener van der Velde tränenüberströmt am Straßenrand. Vollkommen unterkühlt kroch er in ein Auto, um sich aufzuwärmen. Erst eine Stunde später kam er wieder heraus und stieg auf sein Rad. Die Ziellinie passierte er außerhalb des Zeitlimits. Nun waren Drew und Breuk also allein in Front …

Überall in Europa verbreitete sich die Nachricht von den unmenschlichen Bedingungen bei der 14. Etappe des Giro 1988 wie ein Lauffeuer. Die Augen eines ganzen Kontinents klebten an den Fernsehapparaten, als Andy und Breuk in der Yeti-kompatibelsten Manier aller Zeiten um den Tagessieg kämpften. Breuk hatte am Ende das Quäntchen Kraft mehr in den Beinen und gewann, eine Sekunde vor Andy. Doch zur absoluten Überraschung jedes Mannes, jeder Frau und jedes Kindes in Europa hatte sich ein amerikanisches Radsportteam das rosa Trikot des Giro d'Italia geholt. Andrew Hampsten kletterte aufs Podium und streifte sich La Maglia Rosa über.

Unterdessen stampfte ich gesenkten Blickes voran und folgte den Reifenspuren durch den Schnee. Nach einem Kilometer war mir entsetzlich kalt. Nach zwei Kilometern war ich völlig durchgefroren. Nach nur drei Kilometern kicherte ich wie ein Wahnsinniger und passierte Rolf Sørensen, während ich aus Leibeskräften schrie, um so etwas Wärme zu produzieren. Nach fünf Kilometern heulte ich wie ein Baby und war drauf und dran, in ein Kältekoma zu fallen. Nach der Hälfte der Abfahrt war ich nicht mehr in der Lage, halbwegs vernünftig zu denken, und traf entsetzlich blöde Entscheidungen. Irgendwann stieg ich einfach von meinem Rad und lief im sinnlosen Versuch, mich aufzuwärmen, wieder den Berg hinauf.

Als Massimo Ghirotto um eine schlecht einsehbare Kurve geschossen kam und mich beinahe in eine Schlachtplatte verwandelte, dämmerte mir, wie wenig von meinem Verstand noch übrig war. Ich sprang wieder auf mein Rad und fixierte mit meinen Augen den Umwerfer an Ghirottos Hinterrad. Ich musste nun im wahrsten Sinne des Wortes kämpfen, um überhaupt in meinem Körper und die letzten fünf Kilometer bis Bormio bei Bewusstsein zu bleiben.

Dann endlich überquerte ich den Zielstrich und brach zusammen. Ich war blau angelaufen. Meine Augen waren geöffnet, aber ich konnte nichts sehen. Ich schrie nach Max – auch wenn der direkt hinter mir stand und mich unter den Armen hielt, damit ich auf den Beinen blieb. Dann gingen die Lichter aus, ein hundertprozentiger Blackout. Nur langsam kam ich im Fernsehcontainer neben dem Ziel wieder zu Bewusstsein und Sehkraft. Als ich wieder da war, presste ein panischer Max gerade rhythmisch auf meinen Brustkasten, um meine Pumpe wieder anzuwerfen.

Die gesamte Entourage des Giros rannte wild durcheinander im Raum herum und kippte heißen Kaffee in die Rachen von 20 oder 30 Klumpen gefrorenen Fleisches, die allesamt nackt waren und so blau wie der Ochse von Paul Bunyan. Ich gewann wieder so viel Beherrschung über meinen Körper, dass ich mich in ein Handtuch hüllen und in unser Hotel fahren lassen konnte, das nur hundert Meter vom Ziel entfernt war. Dort saß ich 50 Minuten lang unter einer heißen Dusche und zitterte weiterhin vor Kälte. Ich sprang aus der Dusche und verschwand unter einer dicken Bettdecke. Das Nächste, was ich sah, war Andys strahlendes Gesicht und das rosa Trikot auf seinen Schultern. „Wow, Baby, du siehst aus wie ein Engel", sagte ich.

Beim Abendessen ließen wir – Wook, Raul, Pepe, D-Man und Dag Otto – den Tag Revue passieren. Natürlich wussten wir alle, dass die Verteidigung des rosa Trikots in der letzten Rennwoche mehr von uns verlangen würde, als wir bislang jemals hatten geben müssen. Aber während wir uns mit Pizzoccheri vollstopften, kam Renndirektor Torriani mit einem blitzsauberen, nagelneuen Maglia Rosa ins Restaurant. Ohhh, ja!

Die Etappe über den Gavia hatte ein Rennen gesehen, das die Welt des Radsports nie zuvor erleben durfte. Alle Favoriten hatten grotesk viel Zeit eingebüßt. Zimmermann und Chioccioli verloren mehr als fünf Minuten. Visentini, der Giro-Sieger von 1986, eine halbe Stunde. Saronni gar beinahe eine ganze. Doch angesichts der außergewöhnlichen Begleitumstände, bei denen mehr als die Hälfte der Fahrer das Zeitlimit verpasst hatten, durften alle, die ins Ziel gekommen waren, weiterfahren. Am nächsten Morgen machte La Gazzetta mit der Schlagzeile auf: „Der Tag, an dem die harten Männer weinten." Wie recht sie doch hatte.

Die Akteure

Drew:	Andy = Andrew Hampsten
Bongos:	die „Del Tongo"-Mannschaft
Coppino:	„der kleine Coppi" = Franco Chioccioli
Mike:	Mike Neel
Och:	Jim Ochowicz
Max:	Massimo Testa, Mannschaftsarzt von 7-Eleven
Breuk:	Erik Breukink
Maglia Ciclamino:	lila Trikot des Punktbesten
Slim Zim:	Urs Zimmermann
Wook:	Ron Kiefel
D-Man:	Davis Phinney
Raul:	Raúl Alcalá
Pepe:	Jeff Pierce
Dag Otto:	dag Otto Lauritzen
Torriani:	Vicenza Torriani, Giro-Direktor
Pizzoccheri:	Pastaspezialität aus Bormio
La Gazzetta:	La Gazzetta dello Sport

Entscheidungskompetenz in Extremsituationen

Diese Etappe war das Außergewöhnlichste, was ich je als Radsportler erleben durfte. Eine mentale und körperliche Ausnahmesituation vom Start bis ins Ziel – nach bereits zwei Wochen Giro in den Beinen. Inmitten von knapp 200 Mitstreitern völlig alleine unterwegs, im eigenen Rhythmus, in der eigenen Trance. Das Ziel visualisiert, die warme Dusche als Belohnung vor Augen.

Und dann, mitten am Berg, die Reifen im Morast versunken, reichen mir Tifosi einen warmen Tee und rufen mir zu: „Importante partecipare!" Wichtig ist, dabei zu sein! Welche Ansage! Wie recht sie doch hatten!

Tritt um Tritt ging es weiter nach oben, eine Kehre nach der anderen, dankbar zurückgelegte Meter auf dem Weg zum Ziel. Die Gedanken kreisten, die Wahrnehmungen verschwammen, bis ich dann am Boden lag, im Schnee. Ein Betreuerfahrzeug war vor mir auf der schneebedeckten Fahrbahn stecken geblieben, der Fahrer riss die Türe auf, einen halben Meter vor mir. Die unterkühlten Nervenbahnen waren nicht in der Lage, den Befehl des Ausweichens an die zuständigen Muskelgruppen weiterzuleiten. Ein Sturz war nicht zu vermeiden gewesen. Jetzt lag ich also da, hob mein Rad auf und nahm die letzten Kilometer mit großer Freude auf die Bergwertung in Angriff. Denn dort wartete das vorbereitete trockene und warme Gewand. So etwas motiviert! Oben angekommen sah ich viele erfrorene Gestalten, die am Morgen beim Start ganz anders ausgesehen hatten. Mein Betreuer teilte mir mit, dass das Gewand leider schon im Ziel angekommen war. So musste ich die Abfahrt bei Schneesturm und Minusgraden in Angriff nehmen. Ich hatte lediglich ein Unterleibchen und ein Trikot darüber, dazu Ärmlinge, kurze Hose mit Beinlingen, Handschuhe, Überschuhe und Radfahrerkäppi. Alles durchnässt und gefroren. Die Schneeflocken stachen bei ca. 60–70 km/h wie Nadeln in den Augen und auf der Haut.

Dennoch hatte dieser Tag noch Freude für mich über, das wusste ich. Das Ziel war nahe, das Hotel und die warme Dusche warteten auf mich. Ich kam irgendwo um Platz 90 ins

Ziel. Wir hatten einen Maserati Quattroporte als Mannschaftswagen. Immerhin war mein Gewand dort. Der Maserati hatte elektrische Fensterheber, Dino Zandegu, unser famoser sportlicher Leiter, die Autoschlüssel (Dino war nicht auffindbar), alle Fenster waren offen!

Nach circa 20 Minuten kam Dino und brachte uns ins Hotel. Paul Popp war mit mir im Auto. Das Hotel war 200 Meter vom Auto entfernt – und damit auch die warme Dusche, die inzwischen leider nur mehr eine kalte Dusche war. Zu viele waren vor mir im Hotel gewesen. Zu viele hatten sich bereits aufwärmen müssen …

Meistern des Wetterumschwungs

Wie meistert man einen derartigen Wetterumschwung? Mit diesem akuten Wintereinbruch hatte keiner gerechnet. Die Situation erforderte eine komplett veränderte Strategie. Andy Hampsten zum Beispiel war voll auf das Metaziel – Sieg beim Giro 1988 – fokussiert. Das schlechte Wetter bedeutete bloß erschwerende Begleitumstände für ihn. Er aß mehr, denn die Kälte verschlang Energie. Er vertraute darauf, dass seine Fähigkeiten und Kompetenzen da waren, um die Situation zu meistern. Er war angstfrei. Er hatte das Team hinter sich, den Erzähler Bob Roll zum Beispiel, der ihm das Gewand nach vorne brachte. Den sportlichen Leiter, der antizipierend die richtigen Entscheidungen getroffen hatte. Und die Teambetreuer, die im Ziel darauf vorbereitet waren, den Fahrer entsprechend zu versorgen, damit die Leistungsfähigkeit auch am nächsten Tag erhalten blieb.

Wetter und Markt

Nehmen wir diese Situation und shiften sie als Metapher in den wirtschaftlichen Kontext. Der Wetterumschwung ist vergleichbar mit einer zwar vorhersehbaren, jedoch in der Auswirkung nicht so eingeschätzten Marktveränderung. Das Business läuft as usual, die Mitarbeiter bewegen sich in der Komfortzone. Alles halb so wild. Das haben wir immer schon so gemacht. Wir befinden uns vor dem Etappenstart.

Dann passiert **es.** Die Auswirkungen sind kurzfristig spürbar. Da das System zentralisiert organisiert ist, sind Entscheidungswege sehr lange. Es hat keine adäquate Krisenvorbereitung gegeben. Die Entscheider sitzen bereits am Fahrrad und kreisen vor der Startlinie. Strategien werden diskutiert, Verantwortungen delegiert. Meinungen eingeholt. Standpunkte ausgetauscht, Drittmeinungen zur bevorstehenden Krise evaluiert. Eventuell werden sogar schon Schuldzuweisungen ausgesprochen. Es regnet bereits stark, es ist kalt. Man hat viel Energie verbraucht, ist dem Ziel aber keinen einzigen Meter näher gekommen.

Währenddessen sind die echten Radfahrer längst gestartet. Haben die ersten 50 Kilometer der Etappe gemeistert. Und haben dabei gesehen, was weiter zu tun sein wird.

Die Manager kreisen immer noch vor der Startlinie. Es ist nicht sicher, ob sie heute noch starten können. Sie müssen erst Entscheidungen treffen.

Die Radsportler haben in der Zwischenzeit den Passo dell'Aprica in Angriff genommen. Es wird zunehmend kälter, daher werden die sportlichen Leiter informiert, dass der Krisenplan ausgeführt werden soll. Der Radsportler hat dafür die Verantwortung übernommen. Denn fahren muss er selber. Der Krisenplan wurde vorsorglich erstellt, verschiedene Strategien diskutiert. Auf das Gefühl, die Intuition vertraut. Im Betreuerauto vorsorglich das passende Equipment verstaut. Man ist sich der wartenden Herausforderung bewusst. Die Sportler vertrauen auf ihre Erfahrung, ihre Fähigkeiten. Unterstützt vom sportlichen Leiter, der die Fahrer mit wichtigen Informationen versorgt. Situative Entscheidungskompetenz ist jetzt gefragt. Entscheiden, **Tun,** Verantwortung übernehmen. Sie nehmen jetzt den Passo di Gavia in Angriff.

Auch die Manager haben inzwischen grünes Licht zum Start erhalten. Schnell werden die Vorräte aufgefrischt. Jetzt geht's los. Durchnässt und ausgelaugt vom Entscheidungsfindungsprozess packen sie die Strecke an. Sie kommen viel langsamer voran als angenommen. Die Manager folgen ihrem Krisenplan, und trotzdem: Das Tempo passt nicht. Auf der Linie, auf der gefahren werden soll, ist zu viel Wasser. Es stockt immer wieder. Die Linie muss geändert werden, dazu braucht es neue Entscheidungen. Drei Meter links wäre die Straße passierbar. Aber: Geht denn das?

Nach 30 Kilometern folgt der unvermeidliche Stopp – die Strategie wird noch einmal hinterfragt, neue Fakten auf den Tisch gelegt.

Die anderen, die Radsportler, haben unterdessen das Etappenziel erreicht. Sie sind den kompletten Weg gefahren, sie kennen ihn jetzt. Sie wissen jetzt und für alle Zukunft, wie man ihn selbst unter widrigen Verhältnissen bewältigt.

Sie bereiten sich bereits auf die nächste Etappe vor, sie haben einen zirkulären Lernprozess eingeleitet, weiter und weiter. Es entsteht das, was Mihaliy Csikszentmihalyi als Flow bezeichnet. Virtuoses Oszillieren zwischen Fähigkeiten und Herausforderungen, zwischen Wissen und Spiritualität. Das Bewusstsein wird weiter.

Unbeirrt seinen Weg gehen

„Unbeirrt seinen Weg gehen", schreibt Paulo Coelho in seinem Buch „Unterwegs, Der Wanderer" (Diogenes Verlag AG Zürich, Seite 145):

„Der Meister sagt: ‚Wenn du den Weg deiner Träume gehst, gib dich ihm ganz hin. Lass mit der Entschuldigung **Das ist noch nicht ganz das, was ich wollte** keine Hintertür offen. In diesem Satz liegt der Keim für eine Niederlage. Geh deinen Weg. Auch wenn das manchmal heißt, Schritte ins Ungewisse zu tun, auch wenn du weißt, dass du es besser machen könntest. Wenn du deine Möglichkeiten in der Gegenwart ausschöpfst, wirst du in Zukunft sicher besser werden. Doch wenn du deine eigenen Grenzen leugnest, wirst du sie nie überwinden. Stelle dich mutig deinem Weg, fürchte dich nicht vor der Kritik der anderen. Und vor allem lass dich nicht durch Selbstkritik lähmen. Gott wird in den schlaflosen Nächten an deiner Seite sein und deine heimlichen Tränen mit seiner Liebe trocknen. Gott ist der Gott der Tapferen.'"

Die Manager können den Rückstand nicht mehr aufholen. Sie waren in der gerade erzählten Geschichte in Anbetracht der Systemzwänge wohl nicht mutig genug, ihren Weg zu gehen; sie rollen zurück an den Start und warten auf besseres Wetter.

Ob es gilt, tausend oder nur einen Kilometer zu fahren: Die erste Kurbelumdrehung, die ersten Meter stehen am Anfang. Danach kommt die zweite Kurbelumdrehung, rund, kraftvoll, mit allem Einsatz, dann die nächste, noch eine, ganz unabhängig davon, wie weit es bis ins Ziel ist. Und letztlich zählt immer nur die Qualität der nächsten Kurbelumdrehung.

Meistern der Veränderung, des Wandels

Ich habe vor einiger Zeit ein Zitat des alten Griechen Heraklith gelesen, das sinngemäss aussagte, dass man nicht zweimal in denselben Fluss steigen kann.

Das Wasser drängt zum Meer – und es kommt immer dort an. Das Leben ist vergleichbar mit einem Fluss. Den Wandel meistert der, der den Fluss lesen kann. Seine Strömungen, die Tiefen und Furten. Die unvermeidlichen Wasserfälle und wie man darin manövriert. Stehen bleiben kann man nur in ruhigen Zonen. Der Fluss verändert sich immer weiter. Selbst die ruhigen Zonen können sehr ungemütlich werden, wenn das Hochwasser kommt. Es reißt dich mit, unkontrolliert. Du wirst Treibgut im großen Meer. Dagegenstemmen wäre eine Möglichkeit – doch dazu bräuchte man Staudämme. Die kann man allein nicht errichten. Das kostet zu viel Kraft und bringt dich nicht weiter.

Die Kunst im Meistern der Veränderung besteht meines Erachtens darin, mit dem Fluss zu mäandern. Seine Strömungen auszukosten. Wach zu sein in der Neugier. Offen zu sein für ständiges Lernen. Stille zuzulassen, wo Stille möglich ist. In der Stille, im ruhigen Wasser reflektieren, meditieren, manifestieren, Kraft tanken, orientieren. Die nächste Stromschnelle kommt bestimmt. Und die will ich aktiv durchsteuern.

Im Radsport kann man oft wunderbar den Windschatten, den Sog des Feldes nutzen. Macht man das nicht nur als Schmarotzer (im Radsport-Jargon „Lutscher" genannt), sondern mit wachem Geist, kann man in Ruhe die Marktteilnehmer (= Konkurrenten) studieren, liest das Rennen, fährt mit dem Strom. Verpflegt sich dabei, regeneriert die Akkus. Um dann im richtigen Moment seine Position zu verändern. Dann kann man das Rennen aktiv gestalten, weil man in dem Moment, wenn es darauf ankommt, die passenden Ressourcen zur Verfügung hat. Man muss bereit sein. Wach. Mit Mut unterwegs. Und mit Freude.

Große Konzerne bauen oft Staudämme, anstatt mit dem Fluss zu leben. Daher vermeinen die Mitarbeiter auch, in scheinbar ruhigen Gewässern zu fahren. Doch plötzlich prasselt Regen auf die Oberfläche und bringt Turbulenzen und Unruhe von außen – ein neuer Mitbewerber verändert die Rahmenbedingungen. Das Wasser trübt sich ein, Zuflüsse schwellen an, der Damm kann dem Druck kaum mehr standhalten. Wenn er bricht, werden Mitarbeiter abgebaut, mit dem Pegelstand fällt der Aktienkurs. Und die Menschen kämpfen mit der Veränderung. Und den oft damit einhergehenden Wertewandel.

Wandel aktiv gestalten

Selbstverständlich kann man Wandel aktiv gestalten. Wir gehen oft nur sehr zögerlich hinaus in die Welt. Trauen uns nicht zu, Protagonisten der Veränderung zu sein. Das ist normal, draußen in der großen Welt. Aber was ist mit der Innenwelt, tief drinnen in uns? Aufmachen. Spüren. Hineinlassen. Damit verändert sich automatisch unsere eigene Wirklichkeit. Die Schwingungen, die wir aussenden, werden reflektiert. Das

Umfeld, in dem wir leben, ist der Spiegel dessen, was wir repräsentieren. Wer mutlos am Start einer Etappe steht, wird zwangsläufig leiden.

Sport war und ist eine enorme Ressource. Sport unterstützt mich dabei, mich gut spüren zu können, zurück in meinen Körper zu finden. Es ist ein meditativer Prozess in der Stille des Geistes. Weg vom Lauten. Kraftplätze suchend, um zu wissen, was man wirklich, wirklich will.

Es ist nicht immer leicht, dieses Forschen. Nachdem Sport nicht mehr der Schaffensinhalt in meinem Leben war, tat sich die Frage auf: Was nun? Der Prozess hat circa zwei Jahre gedauert. Das eine – Radsport als Inspirationsquelle – war es nicht mehr, das andere – die neue Herausforderung – tat sich nicht offensichtlich vor mir auf. Doch allein die Beschäftigung mit der Thematik hat mich offene Türen sehen lassen. Welche nehmen?

Eines Tages wusste ich, was ich zu tun hatte. Ein Freund, Leo Karner, selbst Exradrennfahrer, hatte einen Verlag und brachte ein Radsportmagazin heraus. Das hat für mich gepasst. Zuerst als freier Redakteur und Fotograf, später als Chefredakteur. Hier konnte ich all mein Wissen über den Sport einbringen; das Schreiben und Fotografieren musste ich freilich erlernen. Ich habe verschiedenste Ausbildungen begonnen und abgeschlossen. Um Realitäten zu erzeugen, muss man Strukturen schaffen, in der sich die Realität manifestieren kann.

Frage: Kann man es ohne Strukturen schaffen? Vergleichen wir es damit: Jemand will Radweltmeister werden. Er hat sich das beste Rennrad besorgt, die beste Bekleidung, die besten Betreuer. Er hat den Streckenplan studiert, die Gegner – nichts wird dem Zufall überlassen. Alle Trockenübungen sind durchgespielt. Dann kommt der große Tag, Start! Unser Mann wird sofort abgehängt, schon nach wenigen Kilometern. Nicht einmal einen Windschatten vermag er noch zu erhaschen. Dabei hat er sich ja so gut vorbereitet! Bloß hat er leider vergessen, zu üben, zu trainieren. Neuronale und biologische Strukturen zu schaffen, durch die das Ziel – Weltmeister werden! – erst in Reichweite gelangt.

Oder wie Bert Hellinger in seinem Buch „Verdichtetes" (Carl-Auer-Systeme Verlag und Verlagsbuchandlung GmbH, Heidelberg, Seite 28) schreibt: „Musik, die uns gefällt, können wir deswegen nicht auch schon spielen."

Ich bin ein Meister, der übt

„Ich bin ein Meister, der übt." Tag für Tag, immer wieder. Nicht von ungefähr heißt es: „Übung macht den Meister." Training im Sport bedeutet Manifestation: Der Gedanke setzt Prozesse in Bewegung, die Bewegung wird durch Üben verinnerlicht; das Üben wird immer feiner, immer detaillierter, immer souveräner – so etablieren sich Strukturen; nach und nach genauer und genauer. Durch die Struktur kommt der Erfolg. Und damit kommt die Seele in den Körper. Nur wenn das stimmt, kommt auch der Erfolg. Das ist der feine Unterschied zwischen spielerischer Höchstleistung und hohem Niveau: eins sein – Körper, Geist, Seele.

Das prototypische Gegenteil dessen finden wir noch immer in klassischen Organisationen: nach der Uni direkt in den Job. Man hat dort ja für sein Leben genug gelernt, den Rest lernt man im Job. Und was ist mit Life Long Learning? Nur ein Schlagwort? Wo bleibt da die dem Menschen normalerweise innewohnende Neugier?

Karl Gamper schreibt in seinem Buch „So schön kann Wirtschaft sein" (J. Kamphausen Verlag & Distribution GmbH, Bielefeld 2005, Seite 109 ff.): „Komm zurück in deinen Körper. Hier enthüllt sich das Mysterium." Er führt aus, dass wir in einer kollektiven Trance leben, aus der wir zu erwachen beginnen. Wir steuern auf einen Bifurkationspunkt zu, der die Evolution auf eine komplexere Ebene führen könnte. Und: Die Frage der Veränderung ist eine Frage der Strategie. Es geht darum, die Seele in den Körper zu laden. Die Seele mit den Muskeln, den Knochen, dem Mark, mit der Haut, dem Herzen, der Lunge ... zu fühlen. In den Körper atmen, das ist der Weg. Und diesen Weg gilt es zu gehen.

Der indische Philosoph Osho (**Zitat aus: Karl Gamper, „So Schön kann Wirtschaft sein"**; J. Kamphausen Verlag & Distribution GmbH, Bielefeld 2005, Seite 116) schrieb in „Body-Mind-Balancing": „Der Körper ist die sichtbare Seele, und die Seele ist der unsichtbare Körper." Das ist dann das Strahlen in den Augen, die Freude im Ausdruck!

Wandel integriert Körper, Geist und Seele. Das Umsetzen erweckt ein integratives Bewusstsein, gelebtes Verständnis.

Eines spüre ich heute ganz deutlich: Einseitigkeit hat immer eine gewisse innere Leere als Resonanz erzeugt. Erst die Tripartite Evolution, also die balancierte Entwicklung aller Lebenssphären, schwingt energetisch fein.

Den Intellekt schulen, die Spiritualität entdecken, der Seele Raum geben in der Stille – je nach Lebensumstand vom einen temporär mehr, vom anderen weniger; das fühlt sich gut an.

Nur machen muss man es schon selbst. Den Weg gehen, sich dabei unterstützen lassen. Ja, es ist ausdrücklich erlaubt und weise, einen Coach zu haben, der den blinden Fleck ausleuchtet. Von nichts kommt nichts.

Wirtschaft hat heute den Zweck, Geld zu vermehren, oft ohne Sinn. Geld zu vermehren hat wenig zu tun mit **Sein.** Der typische Arbeitnehmer geht arbeiten, damit er Geld als Lebensgrundlage verdient. Wie viele davon machen den Job, weil der Job an sich Spaß macht? Was ist eigentlich Geld? Ein Geist der Materie!

Im Sport funktioniert das nicht. Der Antrieb kommt aus dem **Sein.** Der Intellekt allein kann den Körper nicht zu Höchstleistungen pushen. Wohl aber die Einheit aus Köper-Seele-Geist im Einklang, in wunderbaren Schwingungen zueinander. Dann ist Wandel und Veränderung die Essenz im Fluss des Lebens. Spielerisch, leicht. Denn wir können uns nicht nicht verändern. Das Leben ist zu dynamisch, der Körper erfindet sich durch unaufhörliche Zellteilung immer wieder neu.

Ich denke, dass dies die eigentliche Herausforderung im Leben ist – immer mehr von dem zu tun, was zu einem passt. Das ist eine wahre Lebensaufgabe.

Von der Komplexität zum Flow

Dynamik an sich macht das Leben nicht schnell. Es ist unser Aktionismus. Aktionismus hat nichts zu tun mit gesunder Dynamik. Aktionismus ist produzieren von **nichts.** Da kommt nichts heraus dabei, heiße Luft im besten Fall. Aktionismus geht am Kern des **Seins** vorbei. Verschießt die Energie ins Leere. Fokussiert nicht auf das Wesentliche.

Aber weil es laut kracht, wird Aufmerksamkeit erregt. Und so kommen sehr viele Krachmacher sehr weit in „modernen" Unternehmenshierarchien. Sie schaffen eine vordergründige Komplexität anstatt Energie bringender Prozesse, die Rücksicht darauf nehmen, was der Mensch aus meiner Sicht braucht: Wertschätzung, als Mensch wahrgenommen zu werden.

Dem trägt der Gruß zweier Männer, die verfeindeten afrikanischen Stämmen angehören, Rechnung (Stephen Lundin/ Bob Nelson: Ubuntu, Redline Verlag 2010, Seite 17): „Sawa Bona" – ich sehe dich, sagt der eine. „Sikhona" – hier bin ich, entgegnet der andere.

Jüngst bin ich über folgenden Spruch des Dalai-Lama gestolpert, der mir wie folgt in Erinnerung geblieben ist: „Heute ist die auf Liebe und Güte gegründete universelle Verantwortung eine Überlebensfrage der Menschheit."

Statt Profitgier als Treiber könnte die Forschung von morgen universell verträglich durch Liebe und Güte bestimmt sein und damit entsprechende Lösungen finden. Teils sind sie schon da. Das bedeutet aber auch bewusstes Wahrnehmen, Fühlen und Aussprechen dessen, was heute nicht mehr passt.

Bewusstes Wahrnehmen braucht einen klaren Blick. Ist das überhaupt auszuhalten, in dieser komplexen Welt? Eindeutig Ja. Je bewusster, je fokussierter der Blick, desto geringer die Komplexität. Das zumindest ist meine Erfahrung. Aufbauend auf Wertschätzung und Freude kann man selbst einen hohen Workload spielerisch bewältigen. Erst wenn die Basis nicht mehr gegeben ist, Wertschätzung durch Mobbing ersetzt wird, kippt das System. Dann rauben Workload und Mobbing die Seelen- und Körperenergie; das mündet in Überforderung

Managen ist nicht genug

Managen ist keine Inspiration. Managen allein ist zu wenig. Managen ist Abarbeiten und Erfüllen von Prozeduren, ist Anwenden von allgemeingültigen Systemen und Mechanismen. Managen kommt aus dem Kopf. Bitte verstehen Sie mich nicht falsch: Das alles braucht es. Aber nicht nur! Das ist nur ein Teil. Es braucht vielmehr Menschen, die die Fähigkeit haben, Beziehungsnetzwerke zu verstehen, die den Mut haben, sich darauf einzulassen, sich nicht hinter Formalismen zu verstecken, Güte und Größe in der Einfachheit zu entdecken statt im Reichtum.

Der Mut zur Einzigartigkeit, zum persönlichen Ausdruck ist gefragt. Kreatives Leadership und Unternehmertum, mit der Seele im Körper, mit Können und Wissen. Mit gefühlten Gedanken, Worten und Handlungen. Wie schön. Wir wollen mehr davon! Die Größe eines Menschen kommt aus seinem Herzen.

Hier steckt die Kraft, andere Menschen für Ideen zu begeistern, mit kreativen Ideen Energien freizusetzen, die sich mit Freude manifestieren, ein Bestandteil der alltäglichen Welt werden. Kennen Sie Crocs? Diese genialen Pantoffeln, die auf einmal da waren. In schrägen Farben, immer wieder auf der Sohle landend, schrill, schräg, innovativ, mit Fellfutter für den Winter. Das Produkt wurde Kult und pflanzte sich immer weiter fort. Genauso der iPod mit seinen weißen Kopfhörern: Ein Produkt, das der Welt, in der Musik gehört, vertrieben, verkauft wird, ein neues Gesicht gegeben hat. Diese Durchdringung erreicht man nicht durch bloßes Management. Managen ist wichtig! Noch wichtiger ist aber, dass die dualen Parameter passen: Produktpolitik, Preispolitik, Distributionspolitik, die Finanzierung, die Produktion, die Organisation und so weiter. Leadership erfüllt die Firma mit Wärme, Vertrauen, Wertschatzung, Visionen, Manifestationen und exzellentem Management!

Alles, aber anders

Alles verändern, nur damit es anders ist, bringt nichts. Veränderung um der Veränderung willen produziert Unverständnis, Verunsicherung und Ineffizienz. Bevor man verändert und Dinge anders macht, zahlt es sich aus, in sich zu gehen. Um zu wissen, zu spüren, wo die Reise hingehen soll und warum man überhaupt aufbricht. Dann muss man kommunizieren, Menschen involvieren, dafür Sorge tragen, dass der duale Geist, der Verstand, versteht, worum es geht. Der nächste Schritt ist das Eintauchen in Gefühle – wie fühlt sich das an? Wie schaffe ich es, die Menschen in meiner Organisation von der Idee zu überzeugen? Schließlich soll ja auch der Bauch Ja sagen. Nicht nur der eigene, auch der der Mitarbeiter, der Kunden, der Zulieferer. Als Nächstes kommt nämlich ein sehr schwieriger Teil: das **Tun.** Wer den Weg nicht geht, der weiß nichts! Wer nicht handelt, hat nichts verstanden. Hier braucht es viel Aufmerksamkeit und Unterstützung seitens der Führungskraft, auch Einfühlungsvermögen. Passt das Tempo, gibt es Überforderung, stimmt der Zeitplan?

Nach einem guten Stück des Weges ist Zurückschauen, Reflektieren eine gute Strategie. Das erlaubt den Vergleich mit der Blaupause. Wo wollten wir hin, wo stehen wir heute, was müssen wir anpassen? Dann geht es in die nächste Runde; ein zirkulärer Prozess hat begonnen und wird in Bewegung bleiben.

Alles, aber anders, bedeutet nicht, die Welt neu zu erfinden. Oft reicht es, innerhalb der bestehenden Strukturen die Noten zu einer neuen Komposition zusammenzufügen. Die Tonleiter, der Notenraster, die Instrumente sind für alle gleich – und doch ist die Welt der Musik so unterschiedlich, lebendig, variantenreich, unvorstellbar in ihrer Vielfalt!

Genau wie das Rennrad, das im Prinzip für alle gleich ist, die damit erbrachten Leistungen sind aber höchst individuell.

Falls Ihnen das zu nahe an meinem Ursport ist: Nehmen Sie doch den Cirque du Soleil: Hier wurde die Idee „Zirkus“ neu gedacht. Immer noch im Zelt, doch irgendwie vollkommen anders, faszinierend, involvierend!

Am Beginn dieses Kapitels habe ich Ihnen 10 Thesen versprochen, jede zu einer Kehre des Gavia-Passes, den wir ja bezwingen wollen. Lassen Sie uns also losfahren.

Autobahn vs. Bergstraße

Die Entscheidung: Nehme ich die Autobahn oder doch die Bergstraße? Autobahnfahren verbindet schnellstmöglich A mit B. Perfekt, wenn es bloß schnell gehen muss. Der Weg an sich ist nur eine zu überwindende Distanz. Der landschaftliche Reiz hält sich in Grenzen, Land und Leute werden nicht wahrgenommen. Tunnelblick stellt sich ein. Kilometerfressen. Stau.

Die Bergstraße hingegen hat eine grundsätzlich andere Qualität. Sie zu befahren fordert die Sinne ungleich stärker. Links, rechts, Kehre 1, Kehre 2, Abfahrt, beeindruckende Landschaften, Aussichtspunkte, die zum Verweilen einladen. Ja, man braucht etwas länger. Ist die Zeit vergeudet? Ich meine, nein. Entschleunigung öffnet den Blick, schärft die Sinne für andere Sichtweisen. Das Befahren des Weges erhält eine andere Dimension. Klar, man will von A nach B gelangen, doch das Stück Weg dazwischen erhält Sinn, hat einen Wert.

Mainstream vs. Werte

Mainstreamer fahren auf der Autobahn, ausschließlich. Jene, die unbedingt anders sein wollen, nehmen ausschließlich die Bergstraße. Ich würde sagen: Es ist ein Sowohl-als-auch, kein Entweder-oder. Ein Wahrnehmen und Würdigen, ein Spielen mit der Vielfalt zwischen den Extremen.

Ein Abstecher über den Berg wirkt. Er lädt ein zum Nachdenken – über das wirklich Wichtige. Über Werte, die man leben will. Über das, was getan werden muss, weil es einfach so sein muss.

Mainstream ist der einfachere Weg, der gewünschte Weg, der vorgezeichnete Weg. Unternehmen suchen mitunter genau solche Menschen. Ist das der Weg, der einem das Herz jauchzen lässt? Ist das der Weg, der einen die Zeit vergessen lässt, der die Kraft bringt, sich einfach nur gut und noch besser zu fühlen? Darum geht es nämlich in der Essenz.

Es ändert sich etwas seit Neuestem. Nicht nur aus zweiter Hand, in den Medien, sondern tatsächlich. Spürbar. Es sind zunehmend jene gefragt, die beide Extreme, aber vor allem das Feld dazwischen kongruent ausfüllen können. Wenn alles Mainstream ist, bekommt die Welt bloß mehr vom selben. Evolution verlangt nach Diversifizierung, nach Unterschieden als Basis für Neues. Selbst in der Biologie erzeugt zu viel vom gleichen Erbgut Degeneration. Daher: Öfter die Bergstraße nehmen. Nicht nur der Ausblick ist schön, die Luft ist rein, die Sicht von oben öffnet neue Perspektiven. Es darf durchaus einmal Schotter unter den Reifen sein, und seien sie noch so dünn! Spüren! Sich selbst, selbst sich!

Sei du vs. Duplikat

Das Sich-neu- oder Sich-wieder-Spüren ist genial. Unglaublich, wie gut das tut! Durch meine internationale Tätigkeit war ich jede Woche in verschiedensten europäischen Ländern unterwegs. Jede Woche 4 bis 6 Flüge (natürlich Tagesrandverbindungen), jede Woche 2 bis 4 unterschiedliche Hotels in ebenso vielen Ländern, fast zwei Jahre lang. Wochenenden zum Regenerieren. Mag ja sein, dass dies für viele der Traumjob ist, für mich war er es nicht. Jedenfalls nicht auf Dauer. Also Exit.

Nach einigen Wochen hat sich mein Körpergefühl massiv verändert. Ich begann wieder, mich meinem Lieblingssport, dem Radsport zu widmen. 2- bis 4-mal pro Woche drehte ich meine Runden. Mit jeder Runde fokussierte ich mich mehr auf meine Mitte, schärfte meine Wahrnehmung und stellte fest, wie ich mich besser fühlte. Ich war wieder viel mehr ich.

Organisationen lassen das eigene „Ichsein" oft gar nicht mehr zu. Jeder hat seine Rolle zu erfüllen. Sollte möglichst kulturkompatibel sein. Querdenken ist eher unerwünscht. Wer jedoch seine persönliche Eigenheit verleugnet und verliert, verliert alles.

Dazu fallen mir Mahatma Gandhis „Worte an einen Freund" ein, es geht um Selbsterkenntnis und Verwirklichung: „Wenn das Auge eines Menschen eines sagt, seine Zunge anderes und sein Herz noch einmal etwas anderes, so ist er ein unbrauchbarer Geselle. Und wenn unser äußeres Leben über unser inneres Leben obsiegt, kann das nur zu einem schlechten Ergebnis führen." (Mahatma Gandhi, Wer den Weg der Wahrheit geht, stolpert nicht, Verlag Neue Stadt/München, Zürich, Wien, 1998, Seite 27, 36)

Der Wunsch für die Zukunft kann nur sein, dass Menschen in Organisationen wie im Sport ihre Individualität leben können. Nicht um ihren Job fürchten müssen, wenn neue Ideen angeregt werden, wenn sie Kritik üben. Es ist anzunehmen, dass die Produktivität in einem solchen Umfeld höher ausfällt und somit die Bilanzzahlen besser sind. Doch was sagt die Bilanz eigentlich aus für die Zukunft?

Bilanz = Leistungstest

Der Leistungstest ist die Momentaufnahme einer Situation zu einem bestimmten Tag. Für eine Analyse braucht es das Erkennen des „Dahinter". Der Trainingsgeschichte zum Beispiel. Das erfordert integratives Denken, Sehen und Erkennen von dem, was zusammengehört.

Gefährlich wird es, wenn die Ergebnisse des Leistungstests isoliert betrachtet werden. Analysiert vom analytischen Geist, in die Box gedrängt, dort mit Referenzwerten verglichen, „gebenchmarkt", verkausaliert. So, als gäbe es keine Trainingsgeschichte dahinter, keinen Menschen mit seinen individuellen Ausprägungen, mit all dem, was er ist, im Sein, unterstützt vom non-dualistischen Geist, umarmt vom AHA.

Karl Gamper nennt den alles umarmenden Geist „AHA". Das ist die integrative Kraft des Beobachters, des Zeugen, der einem sagen kann, was es gerade braucht, die tanzende Integration des dualen und non-dualen Geistes. Exzellenz im Sport wird nicht durch den dualen Geist erreicht. Ich bin der Überzeugung, dass Exzellenz im Sport primär aus dem Inneren kommt. Im Sein zu verweilen öffnet die scheinbar unendlichen Ressourcen, die es Sportlern erlauben, diese fast übernatürlichen Leistungen spielerisch umzusetzen. Man sieht förmlich, wie diese Sportler im Flow agieren, die Zeit herum vergessen, unfassbare Energiereserven mobilisieren. Dem armenischen Mystiker Georg Iwanowitsch Gurdjieff zufolge haben wir Menschen zwei Energiebehälter. Ist der erste erschöpft, fühlen wir Erschöpfung. Gehen wir durch diese Erschöpfung hindurch, öffnet sich der zweite Behälter. Des Läufers High, der Zustand des Flow, lassen sich daraus erklären und ableiten.

Der duale Geist hilft Verträge zu schließen oder Reisen zu organisieren. Die Absicht des Handels ist erfolgreich zu sein, nicht Geld zu maximieren. Diese Absicht führt automatisch zu Geld und Anerkennung, ist jedoch nicht das Leitprinzip. Erfolg entsteht aus sich selbst. Aus dem, was gerade getan werden muss. Ohne Doping.

Der Geist der Materie

Karl Gamper schreibt in seinem Buch **So schön kann Wirtschaft sein: Karl Gamper – „So Schön kann Wirtschaft sein"**; J. Kamphausen Verlag & Distribution GmbH, Bielefeld 2005, Seite 85–95):

„Geld. Der Geist der Materie. Der Prozess der Geldschöpfung ist ein alchemistischer Prozess … Die Alchemie besteht darin, aus etwas weniger Wertvollem etwas Wertvolles zu machen. Aus Blei beispielsweise Gold … Geld verflüchtigt sich immer mehr. Wird immer mentaler. Historisch ist Geld zuerst durch das Mineralreich gewandert. Gold war Gold. Dann wurde auf dieses Gold ein Wert geprägt. Dieser geprägte Wert hat sich zunehmend vom Wert des Goldes unterschieden. Dann wechselte der Ausdruck des Geldes ins Pflanzenreich. Papiergeld wurde geboren. Derzeit haben wir Münzgeld, Papiergeld, Plastikgeld und virtuelles Geld. Gigantische Geldströme zirkulieren virtuell um die Welt – jenseits von Waren- oder Dienstleistungen. Seit 1971 auch jenseits einer Deckung durch Gold. Einzig das Wachstum der Wirtschaft deckt unsere Währungen."

Karl Gamper zitiert weiters den Schweizer Ökonomen Hans Christoph Binswanger: „Goethes Faust ist von einer kaum fassbaren Aktualität. Von allen Dramen, die bisher geschrieben wurden, ist es das modernste. Es stellt nämlich ein Thema in den Vordergrund, das die heutige Zeit vor allen anderen Themen beherrscht: Die Faszination, die von der Wirtschaft ausgeht. Ihr Wachstum ist heute zum einzigen verbindlichen Maßstab für die Entwicklung der Menschheit geworden." Und weiter: „Auf der Suche nach dem künstlichen Gold entwickelt sich eine Sucht, die denjenigen, der sich ihr einmal verschrieben hat, nicht mehr loslässt."

Fortführend schreibt Gamper, dass „die meisten auf Geld schielen und durch die Geldbrille auf ihre Produkte und Dienstleistungen blicken und sich fragen, wie sie zu Geld kommen können. Damit verkaufen sie etwas an einen Geist, anstatt den Gehalt und die Attraktivität in ihren Geldfeldern zu steigern." Daher die kulturell-kreative Geldfrage: Wie können Sie Ihre Geldfelder so gestalten, dass diese Menschen dienen?

Sie fragen, wie das mit der Bilanz zusammenhängt? Die Grundidee der heutigen Wirtschaft ist die Mangelbeseitigung durch Gewinnmaximierung. Eine ungesunde Geschichte. Denn das Streben nach Beseitigung von Mangel erzeugt genau diesen.

Die Bilanz ist die Abbildung dessen, was Prozesse initiiert haben, in Zahlen. Die Prozesse werden von Menschen gelebt, weil Menschen eine Idee davon hatten, was man tun könnte. Die Analyse passiert aus dem dualen Geist heraus. Zahlen werden in Relation zueinander gesetzt, immer neue Kennzahlen entwickelt. Was zählt, ist Rendite. Siege. Dabei wird der Mensch vergessen, im Einzelnen wie im Kollektiv. Menschen werden immer noch als Kostenfaktor dargestellt, nie als Unternehmenswert. Dabei hat Peter Drucker schon vor Jahren den Begriff der „Knowledge Worker" geprägt. Der Wissensarbeiter ist das eigentliche Kapital. Denn Wissen ist vom Menschen nicht trennbar. Alles, was bleibt, wenn der Mensch weg ist, sind im besten Fall Informationen. Denn Wissen hat nur jener, der den Weg gegangen ist und immer wieder neue Wege geht. Daher meine ich, dass es mehr als die Zahlen braucht, um eine Bilanz wirklich zu verstehen. Es braucht das Gespür für die Menschen, die Unternehmenskultur, den Markt, den Mitbewerb – für die großen Zusammenhänge. Die Qualität der energetischen Schwingungen macht den Unterschied. Der Tanz der Wissensarbeiter, mit der Absicht, Raum zu schaffen, Keime zu säen, Pflanzen wachsen zu lassen, zu jäten, zu gießen, um dann die Früchte zu ernten.

Ex-post-Abbildung/-Betrachtung

Bilanz und Leistungstests haben noch eines gemeinsam: Beides sind Ex-post-Abbildungen, deren Aussagekraft für die Zukunft eher als eingeschränkt zu bezeichnen ist. Zu unvorhersehbar sind die Einflüsse von außen. Die Welt ist nicht stabil, sie verändert sich permanent. Mehr vom selben bringt die Wirtschaft nicht mehr weiter, auch nicht den Menschen und schon gar nicht den Sportler. Sportler kennen dieses Phänomen aus eigener Erfahrung: Es nennt sich Übertraining.

Spannend ist, sich immer wieder neu zu erfinden. Sport ist eine dankbare Spielwiese dafür. Ein sehr gutes Beispiel dafür war bei der Fußballeuropameisterschaft 2008 zu beobachten: Das spanische Team hatte sich innerhalb der Regeln neu erfunden und dem Spiel auch einen Namen gegeben: „Tiki-Taka"-Fußball. Geprägt war der Stil durch kurzen Ballkontakt und ultrapräzise Pässe. Die Gegner mussten viel laufen, sehr viel. Die Spanier hatten ihren Spaß mit den Gegnern und erreichten ihr Ziel mit Freude: Sie wurden Europameister.

Manchmal tut es not, Regeländerungen herbeizuführen. Leider braucht es dafür oft Anstöße von außen: Was die Finanzkrise für das Reglement in der Wirtschaft ist, haben Unfälle in der Formel 1 bewirkt.

Das Ziel sollte also sein, im Fluss des Lebens das Steuer in die Hand zu nehmen und virtuos, mit allen Fähigkeiten, wachen und geschärften Sinnen durch die Stromschnellen zu manövrieren. Unkonventionell, also nicht in Konventionen gefangen, jedoch funktionell passend. Die Möglichkeiten, die geboten werden, nutzend.

Die Zukunft gehört den realisierten Gedanken! Gedanken setzen Prozesse in Bewegung. Denken von dort weg, wo man hin will. Retropolativ. Zurück ins Jetzt. Dort starten die Prozesse. Im Jetzt wird das Muster gewebt, das Netz gespannt, die Struktur geschaffen, die uns in die Zukunft trägt.

Kausalität/Realität: Test – Leistungsvermögen

Verkausalierung setzt Ursache und Wirkung in stabilen Verhältnissen zueinander voraus, geleitet von der Erklärbarkeit der Naturgesetze.

Quantenphysiker wissen es anders. „Aufbruch in neue Wirklichkeiten. Der Geist bestimmt die Materie", hat Herbert Pietschmann sein Buch genannt (Weitbrecht Verlag 1997). Die Erkenntnisse aus der Quantenphysik verändern unser bisheriges Bild der Welt. Pietschmann schreibt, dass Realität nichts Gegebenes ist. Wir sind es, die unsere Realität schaffen. Und die ist nicht gleichzusetzen mit Wirklichkeit. Was wir heute als Realität bezeichnen, ist nur eine von zahlreichen Dimensionen unserer Welt. Denn jeder Mensch lebt zunächst in seiner persönlichen, durch eigene Erfahrungen geprägten Wirklichkeit.

Weil aber die Neuzeit, so Pietschmann weiter, die Materie zur eigentlichen Realität erklärt hat, musste sie im Geist wurzelnde Gründe aus der öffentlichen Wirklichkeit verweisen und sich auf Ursachen von materiellen Ortsveränderungen beschränken. Freilich bezieht sich auch die Materialursache auf die Materie; sie zeigt aber nur auf, dass alles, was in der Welt feststellbar ist, auch auf Materie beruht. Zum Konstruieren eines Begründungszusammenhangs ist sie daher von untergeordneter Bedeutung. Dafür ist die Kausalität (die Ursache-Wirkungs-Beziehung) oder die Finalität (das Wollen, die Richtung auf ein Ziel) am besten geeignet. Die Neuzeit hat diese dialektischen Begriffspaare ebenso in ein logisches verwandelt wie das Paar „Geist-Materie". Damit musste sie die Finalität genauso aus der öffentlichen Wirklichkeit verbannen wie den Geist.

Das bedeutet aber auch, dass wir für das, was uns widerfährt – Gutes und weniger Gutes –, selbst verantwortlich sind.

Gedankenhygiene ist wichtig – wir gehen den Weg, den wir denken. Gedanken manifestieren sich zu Materie. Gedanken schwingen und erzeugen Gefühle, sie sind der Ursprung zur Schaffung von Materie. Und man muss aufpassen, sich nicht in Dramen zu verlieren.

Dramadreieck

Die Opferrolle ist eine Position im Dramadreieck. Wir verwenden viel zu viel Energie zum Spielen von Dramen in drei Akten! Das erzeugt negative Energie und lässt uns das Schöne nicht erkennen.

Das Dramadreieck wurde von Stephen Karpmann beschrieben und ist ein Modell aus der Transaktionsanalyse. Das Dramadreieck beschreibt Beziehungsmuster zwischen Personen in unterschiedlichen Rollen. Diese Rollen sind Täter oder Verfolger, Retter und Opfer. Das Modell des Dramadreiecks beschreibt den Zusammenhang der einzelnen Rollen. Das Modell hat keinen festen Einstieg, kein Ende – also keinen festen Exit. Die Rollen werden sehr oft gewechselt. Oft erscheint es unmöglich, das Dramadreieck zu verlassen.

In Unternehmen zum Beispiel, wenn zwei sich um eine Position bemühen und einer unterliegt, also das „Opfer" ist, dann kann der andere, der die Position erhalten hat, als „Täter" betrachtet werden. Ein Kollege unterstützt das vermeintliche „Opfer", wendet sich gegen den „Täter" und tritt so als vermeintlicher Retter auf – und wird so oft selbst zum „Täter", der ursprüngliche „Täter" wird zum „Opfer".

Wer ist eigentlich Täter und wer Opfer im Sport, wer Retter, wenn es um die Dopingproblematik geht? So geht das Spiel munter weiter, eingenommene Positionen können sehr schnell verändert werden.

Wenn sich das ursprüngliche, vermeintliche „Opfer" mit dem „Täter" solidarisiert und behauptet, der Kollege habe sich gegen seinen Willen eingemischt und sogar wesentlich zur eskalierten Situation beigetragen, werden die Positionen dadurch wieder getauscht. Das ehemalige Opfer wird zusammen mit dem ehemaligen Täter zum „Täter" gegen den Kollegen, der plötzlich das Opfer ist … was dieser so nicht auf sich beruhen lassen kann und seinerseits wieder zum „Täter" mutiert.

Ein Beispiel aus der Geschichte gefällig? Erinnern Sie sich an den Kalten Krieg. Die Auseinandersetzung zwischen Ost und West war dramatisch, Opfer- und Täterrolle wechselte scheinbar beliebig.

Sie merken schon beim Lesen, dass diesen Prozess jeder von uns kennt. Sie merken aber auch, dass die energetische Schwingung negativ ist.

Bert Hellinger schreibt in seinem Buch „Verdichtetes" **(Carl-Auer-Systeme Verlag und Verlagsbuchhandlung GmbH, Heidelberg, Seite 51, 52)**:

„Wenn sich jemand über etwas Schlimmes entrüstet, dann scheint er auf der Seite des Guten zu stehen und gegen das Böse, auf der Seite des Rechts und gegen das Unrecht. Er tritt zwischen die Täter und Opfer, um weiterem Schlimmen zu wehren. Doch er könnte auch mit Liebe zwischen sie treten, und das sicherlich besser. Was also will der Entrüstete? Und was macht er wirklich?

Der Entrüstete verhält sich, als sei er ein Opfer, ohne es tatsächlich zu sein. Er nimmt für sich das Recht in Anspruch, von den Tätern Genugtuung zu fordern, ohne dass ihm selber ein Unrecht geschah. Er macht sich zum Anwalt der Opfer, als hätten sie ihm das Recht übertragen, sie zu vertreten, und lässt sie dann rechtlos zurück.

Und was macht der Entrüstete mit diesem Anspruch? Er nimmt sich die Freiheit, den Tätern Böses zu tun ohne die

Furcht vor schlimmen persönlichen Folgen; denn da sein böses Tun im Licht des Guten erscheint, braucht er keine Strafe zu fürchten.

Damit die Entrüstung gerechtfertigt bleibt, dramatisiert der Entrüstete sowohl das erlittene Unrecht als auch die Folgen der Schuld. Er schüchtert Opfer ein, das Unrecht im gleichen schlimmen Licht zu sehen wie er. Sonst machen auch sie sich in seinen Augen verdächtig und müssen fürchten, selber Opfer seiner Entrüstung zu werden, so als wären sie Täter.

Im Angesicht eines Entrüsteten können die Opfer ihr Leid und die Täter die Folge der Schuld nur schwer hinter sich lassen. Bliebe es den Opfern und Tätern selbst überlassen, den Ausgleich und die Versöhnung zu suchen, könnten sie sich gegenseitig einen neuen Anfang gestatten. Doch vor Entrüsteten gelingt das nur schwer, denn Entrüstete sind in der Regel nicht eher befriedigt, bis sie die Täter vernichtet und gedemütigt haben, selbst wenn es die Leiden der Opfer verschlimmert.

Die Entrüstung ist in erster Linie moralisch. Das heißt, es geht hier nicht um Hilfe für jemanden, sondern um die Durchsetzung eines Anspruchs, als dessen Vollstrecker sich der Entrüstete darstellt und fühlt. Daher kennt er im Gegensatz zu jemandem, der liebt, kein Mitleid und kein Maß."

Unterbrochen wird das Dramadreieck, indem der Prozess erkannt wird und die vielen unausgesprochenen Dramaeinladungen nicht angenommen werden. **Stopp.** Der Helfer unterstützt das Opfer auf dem Weg zur Selbsthilfe.

Die energetisch positiven Positionen wären nach dem Mentalcoach Roman Braun Macher – Mentor – Muse. Der Täter wir zum Macher, der Retter zum Mentor und das Opfer zur Muse.

Im Buch „Führen ohne Drama", Roman Braun, Helmut Gawlas, Fritz Maywald, Linde Verlag, Seite 91 ff., wird die Transformation so beschrieben:

„Täter oder Macher: Täter sind stark, sie setzen sich durch und schaffen dabei Win-Lose-Situationen. Die Sonnenseite des Täters ist seine Durchsetzungskraft, seine stetige Bereitschaft, aktiv und praktisch zu handeln. Er nimmt eine Idee in die Hand, setzt sie um in konkrete Planungen und macht sie real. Er schaut in die Zukunft und will dort die Dinge verwirklicht sehen. Er ist der Macher.

Opfer oder Muse: Opfer erkennen in ihrer Notsituation keine Handlungsoption und wähnen sich hilflos. Ohne Drama – und das zeigen sie bereits als Diva – sind sie die Erfinder von Handlungsoptionen, Alternativen und Ideen. Kreativität und Flexibilität sind ihre Stärken, in jeder Situation (die nicht dramatisch ist) finden sie originelle Lösungsansätze. Sie lieben neue Situationen mit vielen Alternativen und Veränderungen, ja sie lösen sie durch ihre Kreativität meist sogar aus. Ihre Zeit ist das Hier und Jetzt, das es als Muse zu genießen gilt.

Retter oder Mentor: Retter – insbesondere als Nörgler – sind sehr kritisch. Ihre Kritik ist zerstörerisch, obwohl sie eigentlich nach Ordnung streben. Doch auch für destruktive Kritik muss man zuerst genau hinschauen. Der einfühlsame Retter nimmt rasch die Witterung des Opfers auf und beginnt sein Hilfswerk. Die Stärke des Retters ist sein Einfühlungsvermögen und die Tendenz, für andere da zu sein, sie zu unterstützen. Im Wissen, dass die anderen durchaus imstande sind, sich selbst zu helfen, leistet er als Mentor Hilfe zur Selbsthilfe und wirkt damit nicht nur kurativ, sondern auch generativ. Sein Feedback ist unterstützend und fortführend."

Energie zeigt Wirkung: Nach außen wirkt die Muse als Flexibler, der Macher als Aktiver und der Mentor als Sensibler. Flexibilität, Aktivität und Sensibilität sind die drei Energien, die – in ausgewogenem Maß genützt – in jedem Unternehmen zum Erfolg führen. Doch Ausgewogenheit ist zu wenig – und hier schließt sich der Kreis der Erkenntnis: Der evolutionäre Führungskreislauf gibt auch die Reihenfolge vor, in der wir diese Energien nutzen sollten, um Konflikte und Probleme zu lösen. Macher (Aktiver) → Mentor (Sensibler) → Muse (Flexibler) → Macher …

Grundlagenaufbau

In der Öffentlichkeit nimmt man vom Sportler nur die wenigen Sekunden oder Stunden des Wettkampfes wahr, das Resultat jahrelangen, oft jahrzehntelangen Trainings. Der Sportler übt jeden Tag und prägt sich dabei die Bewegungsabläufe ein, schult den Körper so, dass die Bewegung in jeder Faser des Körpers zu jeder Tages- und Nachtzeit abrufbar ist, sodass die Leistungsfähigkeit steigt. Das ist ein evolutionärer Prozess. Denn die Anpassung der Körperfunktionen passiert nicht sprunghaft, sondern kontinuierlich. Und die Körperzellen vergessen schnell wieder. Nicht die Grundlagen, die bleiben lang erhalten. Jedoch die Exzellenz, das Spielerische, das Intuitive, die Harmonie sämtlicher Funktionen, die sind bald wieder weg, wenn man sie nicht pflegt.

Das kann nach Pausen wieder entwickelt werden, doch es braucht Zeit und viel Arbeit. Um daher ein hohes Leistungsniveau aufrechterhalten zu können, muss der Körper jeden Tag gefordert werden, und das oft über Jahre. Denn erst mit den Trainingsjahren, mit der kumulativ gesammelten Erfahrung, werden Leistungsschwankungen geglättet und ein stabil hohes Leistungsniveau etabliert, Schwankungen zwischen Höchst- und Normalform nivelliert. Das ist genau der Grund, warum Sportler im letzten Drittel ihres „Produktlebenszyklus" oft die besten Leistungen über längere Zeit auf konstant hohem Niveau erbringen.

In dieser Phase werden Manager oft bereits wegen Altersgründen aufs Abstellgleis geschoben. Welche Verschwendung von Kapazitäten und Exzellenzen!

Doch wie läuft der Entwicklungsprozess eigentlich im Management ab? Der Grundlagenaufbau beginnt im Kindergarten, geht weiter über die Grund- und Mittelschulausbildung zum Studium, bereichert mit den ersten Erfahrungen durch Ferial- oder Nebenjobs. Doch was passiert dann? Die intensive Beschäftigung mit theoretischen Konzepten wird durch Anwendungen in Echtzeit ersetzt. Der tägliche operative Workload lässt wenig Spielraum für weiteres Training, zum Erlernen neuer Fähigkeiten und Kompetenzen. Man steckt oft zu tief im Tagesgeschäft mit all seinen Problemen, Herausforderungen und Lernerfahrungen. Qualitatives Feedback, im Sport die Grundlage für eine gesunde Weiterentwicklung, kommt in vielen Jobs selten vor. Dabei kommt das Lernen neuer theoretischer Konzepte, aber auch die Persönlichkeitsentwicklung zu kurz. Der evolutionäre Lernprozess wird oft nach dem Studium unterbrochen, die fast rein theoretische Phase shiftet in eine überwiegend anwendungsorientierte Phase.

Neugierde und der Wille, die Grenzen kennenzulernen, gehen in der Organisationskultur verloren. Dabei wäre gerade der richtige Mix aus Tun und Konzeption/Innovation wichtig, um evolutionäre Entwicklungen zu ermöglichen. Innovation passiert aber nur dann, wenn man gelernt hat, sich und den Kontext, in dem man gerade tätig ist, kritisch zu hinterfragen, wenn man den Mut hat, neu hinzuschauen und die Konsequenzen daraus zu ziehen. Nicht umsonst wird die Forderung nach Life Long Learning immer lauter.

Sport hat einerseits den Vorteil, dass Konsequenzen unmittelbar spürbar sind. Aber er bringt auch den großen Bonus mit sich, dass man schon am nächsten Tag das Training verändern kann. Sport zwingt dazu, jede Bewegung, jeden einzelnen Tag in größter Präzision auszuführen, sich permanent mit neuen Methoden zu beschäftigen, diese mit allen Konsequenzen zu testen und auszureizen. Fehler haben unmittelbare, mitunter fatale Konsequenzen für die Gesundheit und das Leben eines Sportlers. Diese Dramatik gibt es im Management so nicht. Erst wenn die Grundlagen stimmen, kann ein Sportler beginnen, intensiv zu trainieren.

Intensives Training

Intensives Training ist nur sinnvoll, wenn die Grundlagen passen, wenn die Hausaufgaben erledigt sind. Fordert ein Sportler seinen Körper zu früh, ist die Konsequenz daraus Übertraining und damit der Verlust der Leistungsfähigkeit. Der Köper gibt zu verstehen, dass die Belastung zu hoch ist und er nicht mehr mitmacht. Da helfen keine positiven Sprüche mehr, sondern nur mehr passende, regenerative Maßnahmen. Daher ist es enorm wichtig, das Pensum richtig zu dosieren und den schmalen Grat zwischen Unter- und Überforderung herauszufinden, um an der möglichen maximalen Leistungsgrenze zu trainieren – nicht darunter, aber auch schon gar nicht darüber. Ständige Überforderung quittiert der Körper mit Leistungsverweigerung.

Der Prozess der Überforderung ist für einen Mitarbeiter eines Unternehmens nicht so offensichtlich erkennbar und schleppt sich über längere Zeiträume hin. Die Konsequenz ist hier und da sehr ähnlich. Was Übertraining im Sport ist, nennt sich in der Wirtschaft Burn-out. Das bedeutet nichts anderes, als dass der Druck auf Arbeitnehmer zu früh erhöht wurde, ohne dass vorher die entsprechenden Grundlagen, das notwendige Mentorship, geschaffen wurden.

Der erschreckende Anstieg von Burn-outs spiegelt den Überforderungsgrad, den Leistungsdruck unserer Gesellschaft wider. Im Sport führt das zu Doping.

4. Wirtschaft und Sport

Was kann der Sport von der Wirtschaft lernen? Wie interagieren die beiden Felder? Ich habe mit vier hochrangigen Vertretern der Wirtschaft darüber gesprochen:

- mit dem Chef der Wirtschaftskammer Österreich, Christoph Leitl;
- mit Leodegar Pruschak, Chef der Raiffeisen-Werbung;
- mit dem Personalberater Markus Brenner;
- mit Anton Schutti, Geschäftsführer der Sporthilfe Österreich.

So unterschiedlich ihre Herangehensweise auch war: Jeder von ihnen konnte Essenzielles zum Thema beitragen. Und teilweise liegen ihre Standpunkte näher beieinander, als man vermuten möchte. Wenn etwa Christoph Leitl Parallelen zwischen Sport und Wirtschaft mit „Konsequenz, Durchhaltevermögen, Ausdauer und Bereitschaft zu Höchstleistungen" beschreibt, oder wenn Anton Schutti davon erzählt, wie viel ihm der tägliche Umgang mit Spitzensportlern für seinen Job, für seine Persönlichkeit gebracht hat: „Der Kontakt zu diesen Menschen inspirierte und prägte mich. Auch und vor allem in Zeiten, in denen nicht immer alles so lief wie geplant. In der Krise zeigt sich die wahre Größe der Menschen."

In unseren Gesprächen gingen wir auch der Frage nach, was Sportlern in einer Karriere nach der Karriere hilft. Leo Pruschak brachte es, ausgehend von seinen eigenen Erfahrungen, folgendermaßen auf den Punkt: „Es braucht zuerst persönliche Erfolge, um sich Akzeptanz zu schaffen und jene Souveränität zu gewinnen, die es dann erlaubt, in den Hintergrund zu treten, die Rolle des ‚Non-Playing-Captain' einzunehmen und andere vor den Vorhang treten zu lassen." Markus Brenner sagt aus eigener Erfahrung, dass „die Wahrscheinlichkeit, dass man mit einer Sportpersönlichkeit besser fährt als mit einem Nichtsportler, jedenfalls gegeben ist. Das gilt allerdings nur, wenn die fachlichen Qualifikationen vergleichbar sind. Die intrinsische Motivation, der innere Antrieb, spielt natürlich ebenso eine Rolle."

Alle vier Interviewpartner hatten freilich noch eins gemein: Sie haben allesamt einen sportlichen Background. Vielleicht ist genau das der Grund, warum genau sie heute diese Positionen besetzen und nicht jemand anders.

4.1 Sport als Wirtschaftsfaktor

Interview mit Dr. Christoph Leitl, Präsident der Wirtschaftskammer Österreich

Wie groß ist der Anteil aller Geschäfte rund um den Sport an der gesamten Wirtschaftsleistung Österreichs, wenn man alle Bereiche mit einbezieht, also Handel, Tourismus, Industrie und Dienstleistung?

Die Sportwirtschaft ist eine Querschnittsmaterie, die in unzählige Branchen hineinspielt. Neben Sport im engsten Sinn – wir sprechen hier etwa von der Durchführung von Sportveranstaltungen, von der Tätigkeit von Einzelsportlern oder dem Betrieb von zum Beispiel Reitschulen – zählen beispielsweise Produktion und Handel von Sportartikeln dazu, Sportunterhaltung und -ausbildung, aber auch sämtliche mit dem Sport verbundene oder vom Sport beeinflusste Tätigkeiten. Das reicht vom Tourismus über den Gesundheitsbereich bis hin zu Werbung und Versicherungen. Eine exakte Abgrenzung ist schwer, deshalb gibt es auch kaum detaillierte Aufschlüsselungen.

Die Wirtschaftskammer hat dennoch versucht, die gesamtwirtschaftliche Bedeutung des Sports zu eruieren und dazu 2006 eine Studie in Auftrag gegeben. Demnach trägt der Sport im weiteren Sinn rund 10,4 Milliarden Euro direkt zur Wertschöpfung bei. Davon entfallen rund 45 Prozent auf den Sport im engeren Sinne, also Veranstaltungen, den Betrieb von Sportstätten, Handel und Produktion von Sportartikeln etc.

Circa. 20 Prozent gehen auf das Konto von Sportunterkünften und des Sportgastgewerbes. Daneben erbringt die Sportwirtschaft knapp 5 Milliarden Euro an indirekten Wertschöpfungseffekten. Summa summarum beläuft sich der Wertschöpfungsbeitrag des Sports somit auf rund 7,5 Prozent.

Am wichtigsten aber ist – und das gilt ganz besonders angesichts der aktuellen weltweiten Wirtschaftskrise: Der Sport ist eine Wachstumsbranche par excellence. Man kann es mit einem Bild aus dem Sport beschreiben: Ermüdungserscheinungen gibt es nicht. Bei den sportlichen Großereignissen hat Österreich nach der Fußballeuropameisterschaft 2008 beispielsweise mit der Austragung der alpinen Ski-WM in Schladming 2013 einmal mehr die Gelegenheit, sich weltweit als attraktiver Wirtschaftsstandort zu präsentieren, der Tradition mit Innovation, Fortschritt mit Umweltschutz und Sicherheit mit Weltoffenheit zu verbinden weiß. Aber auch im Breitensport ist von Krisenstimmung keine Spur. So hat sich der Sportartikelhandel in der so herausfordernden Wintersaison 2008/2009 außergewöhnlich gut geschlagen.

Wie schätzen Sie die „Werbung" für den Ö-Tourismus ein, die Sportler durch ihre Erfolge – vor allem im Ausland – leisten? Wirtschaftlich gesprochen: Was heißt das für die Wertschöpfung in Österreich?

Unsere sportlichen Aushängeschilder sind zweifellos wichtige Werbeträger für den Tourismus. Besonders erfreulich ist, dass der Sporttourismus im Vergleich zu anderen Tourismusprodukten noch weit weniger entwickelt ist und somit nach wie vor ein großer Wachstums- und Hoffnungsmarkt ist. Wobei Österreich nicht nur für „aktive" Sporttouristen – also Urlauber, die mit dem Reisezweck Sport zu uns kommen – immer interessanter wird. Auch die ständig zunehmende Attraktivität von Sportveranstaltungen ist ein immer wichtigeres Argument für Touristen in der Wahl ihrer Reiseziele. In Summe entfallen gemäß unserer Studie aus dem Jahr 2006 mehr als 57 Millionen Übernachtungen in Österreich auf den Sporttourismus. Für

Restaurants und Gasthäuser bedeutete das sportspezifische Umsatzerlöse von 2,4 Milliarden Euro. Hotels, Gasthöfe und Pensionen konnten sogar 2,5 Milliarden Euro umsetzen.

Man kann das WKÖ-Logo immer öfter auf den Dressen von Sportlern sehen. Warum macht man das? Was verspricht sie die Wirtschaftskammer davon?

Die WKÖ kooperiert mit dem Austria Ski Pool – das ist jene Plattform, mit der die rot-weiß-rote Sportartikelwirtschaft durch österreichische Spitzensportler international präsentiert wird. Wir tun das mit der Absicht, Absatzmärkte für die heimische Skiwirtschaft zu schaffen bzw. auszubauen. Darüber hinaus wollen wir Österreich langfristig als Wintersportdestination international etablieren, zumal es bei den Einnahmen im Tourismus fast ausschließlich zu österreichischer Wertschöpfung kommt. Der Wintertourismus wirkt darüber hinaus als Multiplikator, etwa in der Rolle als Zulieferer.

Post-Sport-Integration in die Wirtschaft ist für Exsportprofis nicht immer einfach: Welche Faktoren sind für Sie entscheidend, um es Sportlern zu ermöglichen, nach ihrer Karriere leichter in der Wirtschaft Fuß zu fassen? Ich denke hier vor allem an jene Sportarten, in denen die Verdienstmöglichkeiten als Aktiver nicht so groß sind.

Mit diesem Thema beschäftigt sich die WKÖ seit vielen Jahren: Im Jahr 2003 haben das WIFI Österreich und die Österreichische Sporthilfe ein europaweit einzigartiges Projekt gestartet: die WIFI Sporthilfe-Akademie. Sie unterstützt und begleitet Sportlerinnen und Sportler bereits während ihrer sportlichen Laufbahn mit maßgeschneiderter Aus- und Weiterbildung und bereitet sie so auf das berufliche Leben nach dem Sport vor.

Über 160 Sportler haben bislang eine Potenzialanalyse durchgeführt. Rund 50 von ihnen haben bereits mit weiterführenden WIFI-Kursen und -Seminaren begonnen. Besonders nachgefragt werden die Berufsreifeprüfung, Kurse im Bereich Veranstaltungsmanagement und Wellness sowie Sprach- und EDV-Kurse. Besonders freut uns, dass immer mehr Sportler die WIFI-Weiterbildung als Vorbereitung zum Schritt in ihre Selbstständigkeit nutzen. Das mit gutem Grund: Gerade Sportler bringen einige zentrale Voraussetzungen für selbstständige Tätigkeit mit und sind deshalb geradewegs prädestiniert für erfolgreiche Karrieren im Wirtschaftsleben. Sie sind es gewohnt, im täglichen Wettbewerb Spitzenleistungen zu erbringen und sich permanent neuen Herausforderungen zu stellen. Klar ist: Ausdauer, Motivation und Ehrgeiz sind die Basis für den sportlichen Erfolg ebenso wie für Spitzenleistungen in der Privatwirtschaft.

Welche Fähigkeiten aus dem Sport würden Sie gerne verstärkt in der Wirtschaft sehen?

Erfolgreiche Unternehmer wie auch Spitzensportler bringen vergleichbare Eigenschaften mit: Konsequenz, Durchhaltevermögen, Ausdauer und die Bereitschaft zu Höchstleistungen. Die österreichischen Unternehmerinnen und Unternehmer sind, wenn man so will, die Athleten der Wirtschaft. Genau wie Spitzensportler haben sie gar keine andere Wahl, als ihr Bestes zu geben, wenn sie am Markt bestehen und erfolgreich sein wollen.

Im Umkehrschluss: Welche Fähigkeiten aus der Wirtschaft würden den Sport weiterbringen?

Inzwischen ist die Professionalisierung im Sport weit vorangeschritten. Viele Vereine und Klubs haben ein effizientes und schlagkräftiges Management, das getrennt von den sportlichen Aufgaben fungiert. Wichtig ist, dass jeder Verein seine Tätigkeit auch als „Geschäft“ und „kleines Unternehmen“ sieht, in dem es auch Aufgaben außerhalb der reinen sportlichen Betätigungen gibt. Dazu gehört auch die Erkenntnis, dass diese Aufgaben nicht immer nebenbei erfüllt werden können.

Gerade bei den Olympischen Spielen beschleicht mich manchmal das Gefühl, dass der Sport teilweise in den Hintergrund, die wirtschaftliche und politische Komponente hingegen in den Vordergrund rückt. Oft werden kritische geopolitische Faktoren partiell ausgeblendet. Wie beurteilen Sie diese Entwicklung, wie viel wirtschaftliches und/oder politisches Interesse ist bei Großveranstaltungen noch „gesund", sodass der Sport nicht als Vehikel für sportfremde Interessen missbraucht wird? Wie kann hier eine gesunde Balance aussehen?

Sport ist von der Wirtschaft abhängig und umgekehrt. Ohne politisches Interesse würden viele Fördergelder nicht lukriert werden. Zugleich lebt der Sport von seinen Fans, und diese Fans wollen so nahe wie möglich am Geschehen sein. Dafür braucht es einen Rahmen wie zum Beispiel ein Stadion und die entsprechende Logistik. Die Organisation und Finanzierung all dessen ist angewiesen auf politische Mitarbeit. Politik und Wirtschaft sind ein fester Bestandteil sportlicher Großevents und gerade diese Tatsache trägt auch zu deren Beständigkeit bei.

Nichtsdestotrotz muss Sport Sport bleiben. Großereignisse wie die Olympischen Spiele können – sowohl in wirtschaftlicher als auch in sportlicher Hinsicht – nur dann erfolgreich sein, wenn der sportliche Wettkampf im Mittelpunkt steht.

Der Autor Karl Gamper meint: Wenn du in einer Mannschaft bravourös spielen kannst und die Fähigkeit hast, den Mannschaftsgeist zu nähren, dann wirst du ein wunderbar individueller Spieler sein, der gleichzeitig seiner Mannschaft enorm nützt, weil du im rechten Moment den Ball an jenen spielst, der am besseren Platz steht, um ein Tor zu schießen. Ein Modell für die Wirtschaft?

So wie ein Sportler zuerst auf sich selbst schaut, darauf achtet, dass er gesund bleibt, dass er fit ist und dass er zur richtigen Zeit sein Bestes geben kann, so muss das auch ein Unternehmer tun. Aber ein guter Unternehmer weiß auch, dass er allein keinen 100-Personen-Betrieb schaukeln kann. Der Betrieb braucht ihn genauso, wie er sein Team braucht – gemeinsam machen sie die Wirtschaft stark.

Sowohl im Sport als auch in der Wirtschaft wird bisweilen foul gespielt. Sehen Sie Parallelen?

Wo immer es Regeln gibt, gibt es auch einzelne Verstöße dagegen – im Sport genauso wie in der Wirtschaft. Und jeder Missbrauch, ob im Sport oder in der Wirtschaft, muss aufgeklärt werden. Da bin ich für null Toleranz. Und dort, wo es notwendig ist, müssen die entsprechenden Konsequenzen gezogen werden. Zugleich darf das Fehlverhalten Einzelner nicht herangezogen werden, um das Image des gesamten Sports und des Landes zu beschädigen.

Gerhard Berger meint, dass Sport Management braucht und Management Sport. Interessanterweise halten viele Sportler Vorträge vor Managern, aber kaum Manager vor Sportlern – wie sehen Sie das?

Ich kann das Interesse an einem vortragenden Spitzensportler gut verstehen. Einem Menschen zuzuhören, der mit Leib und Seele dabei ist, mit höchstem Ehrgeiz und Einsatz sein Ziel verfolgt – und das meist bereits seit seiner Kindheit –, ist beeindruckend. Dasselbe gilt für einen Fitnesstrainer, einen Mentalcoach, einen Sportmanager oder -vermarkter – das sind Personen im Management eines Sportlers, deren Know-how auch für die „klassische" Wirtschaft interessant ist.

Was bedeutet Sport für Sie persönlich?

Gesundheit und Fitness sind mir persönlich sehr wichtig. Beides ist auch notwendig, um meine Aufgaben im Dienst der österreichischen Unternehmerinnen und Unternehmer im gebotenen Umfang erfüllen zu können. Neben Gartenarbeit und Fischen gehe ich deshalb, wann immer es die Zeit erlaubt, gerne Wandern und Schifahren. Ich rauche nicht und versuche mich gesund mit viel Obst und Gemüse zu ernähren. Und nicht zuletzt versuche ich, all meine Kraft und Energie für mein persönliches Ziel als Wirtschaftskammerpräsident einzusetzen, nämlich bestmögliche Bedingungen für Österreichs Unternehmen zu erreichen. Da ist mir die positive Einstellung und Konsequenz unserer Spitzensportler durchaus ein Vorbild.

4.2 Sport als Werbeplattform

Leodegar Pruschak

Leodegar Pruschak gilt als Entdecker von Hermann Maier. Nicht sportlich, sondern als Werbetestimonial. Die Grundlage dafür wurde früh in der Familie gelegt: Sport war bei Pruschaks immer ein Thema. Der Vater war Leichtathlet und brachte Medaillen und Pokale nach Hause, was den kleinen Leodegar faszinierte. Der Vater nahm Leodegar auch früh zu den Wettkämpfen mit, gemeinsam fuhren sie zu Bewerben etwa nach Schwechat oder Gloggnitz. Das prägte und weckte das Interesse, möglichst viele Sportarten, die für die Eltern leistbar waren, auszuprobieren – von der Leichtathletik über Fußball, von Tischtennis über Skifahren bis zum Basketball.

Der Vater lenkte die Aufmerksamkeit des Juniors in Richtung Leichtathletik, denn hier erkannte der Vater bei seinem Sohn das meiste Talent. Auch Ehrgeiz und der Wille, der Beste sein zu wollen, waren vorhanden. Leodegar Pruschak heute: „Der Beste sein zu wollen, ist retrospektiv betrachtet nicht unbedingt jene Philosophie, die man konsequent weiterverfolgen sollte."

Dazu später mehr.

Leodegars Sportbegeisterung drückte sich schon bald mehr in Ballsportarten denn Leichtathletik aus. So landete er beim Basketball, obwohl – wie er sagt – „ich nicht unbedingt die Gardemaße für diesen Sport mitbrachte". Basketball erfordert neben schierer Größe viel Technik, Kondition, aber auch taktisches Geschick. Und in diesen Punkten war Leodegar Pruschak stark. Die Mannschaft wurde Landesmeister, trat bei österreichischen Meisterschaften an und spielte in Auswahlen mit. Trotz etlicher Verletzungen hatte Leodegar viel Spaß am Sport, mehr als das: Er war eine echte Leidenschaft. Während des Studiums kam zum Basketball noch Tennis auf Landesliganiveau dazu.

Leodegar Pruschak: „Bei allen Sportarten, die ich betrieb, erreichte ich ein relativ hohes Niveau. Für den Profisport hätte es jedoch nicht gereicht. Natürlich wollte ich in meiner Leistungsklasse immer der Beste sein, egal ob beim Skirennen, beim Tennis oder einem Juxmatch im Fußball. Doch ich musste auch lernen, mit Niederlagen umzugehen. Wobei es einen großen Unterschied darstellt, ob man Einzelsportler ist oder in einem Team spielt. Wie Einzelplayer dort zusammenarbeiten, ist hochinteressant. Ich habe viele Lernerfahrungen gemacht, die mich später fürs Berufsleben geprägt haben: Man kann nicht immer und überall die Nummer eins sein, man muss sich auch in eine Struktur einordnen können. Man muss die Leistungen des Gegners wertschätzen und ihn respektieren. Das gilt vor allem dann, wenn man verloren hat. Das zu akzeptieren war nicht immer einfach. Ich musste an mir arbeiten, um all diese Erfahrungen zu verinnerlichen. Sport war daher eine sehr gute, wenn auch harte Schule für mich, prägend bis heute."

Die sportlichen Erfahrungen kommen ihm heute in seiner Funktion als Marketingdirektor der Raiffeisen Zentralbank Österreich AG und als Geschäftsführer der Zentralen Raiffeisenwerbung zugute. Sport stellt in der kommunikativen Ausrichtung der Marke seines Arbeitgebers eine wichtige Rolle dar und lädt abstrakte Finanzprodukte emotional auf. Die eigenen Sporterfahrungen helfen bei der Beurteilung von potenziellen Sportsponsoringprojekten, aber auch bei der Einschätzung von Sportlern im Erkennen von Stärken wie Willenskraft und Zielstrebigkeit. Die Erfahrungen im Sport sind sozusagen eine Rezeptur, die ins Marketing eingebracht wird.

Leodegar Pruschak: „Ich muss heute in meinem Aufgabenbereich voranmarschieren, Verantwortung übernehmen, aber um mich herum gibt es ein Team mit eigenverantwortlichen Mitarbeitern. Das ist wie in einem Basketballteam. Es zählt die individuelle Stärke. Vertrauen fördert Eigenverantwortung, aber vor allem den Teamgeist. Wenn ein Team nicht im Einklang arbeitet und Rivalitäten ausgelebt werden, kann dies den Erfolg der ganzen Mannschaft gefährden. Wenn einer nur auf seinen Score schaut, das Team aber verliert, dann ist das Ziel klar verfehlt. Die Kunst des Trainers oder Managers ist es, die individuelle Stärke jedes Einzelnen voll zur Entfaltung zu bringen. Nur so kann das Team seinen maximalen Erfolg erzielen. Wie früher manchmal als Spieler bin ich heute sehr stolz auf mein Team, meine Mitarbeiter, und freue mich sehr darüber, wenn gute Ideen realisiert werden. Es gehört nicht nur der Torschützenkönig vor den Vorhang, sondern alle, die am Erfolg beteiligt waren. Denn ohne Team, ohne den Beitrag jedes Einzelnen, ist dauerhafter Erfolg nicht möglich."

Teamplayer zu sein, ist in der Wirtschaft nicht immer einfach. Oft werden andere Grundsätze postuliert, etwa: „Mach auf dich aufmerksam, nimm keine Rücksicht auf andere, mach die Ellbogen breit." Willkommen im Dauerbrennerthema Menschenführung! Der Manager ist gefordert, mit größter Präzision zu erkennen, wer die echten Spieler, die Protagonisten sind, und wer sich „größer" macht, als er wirklich ist. Wenn der Trainer, der Manager, das nicht erkennt, kommt es sowohl im Sport als auch im Unternehmen zu Reibereien, die Energie kosten; das Leistungsvermögen wird nicht voll zur Entfaltung gebracht. Doch, so Leodegar Pruschak, „um die Erkenntnisse aus dem Sport im Job umsetzen zu können, musste ich einen Reifeprozess durchlaufen. Es braucht zuerst persönliche Erfolge, um sich Akzeptanz zu verschaffen und jene Souveränität zu gewinnen, die es dann erlaubt, in den Hintergrund zu treten, die Rolle des ‚Non-Playing-Captain' einzunehmen und andere vor den Vorhang treten zu lassen. Ohne diese Lernerfahrung wird man möglicherweise immer weiter verbissen ums Leiberl kämpfen und jeden Tag weiter beweisen wollen, dass man noch immer der Beste ist."

Grundvoraussetzung für Spitzenleistungen ist, so Leodegar Pruschak, dass man das, was man tut, mit Leidenschaft und Spaß tut. Somit macht man den Job in hohem Maße für sich selbst, aber auch für die Mitarbeiter, für die man Verantwortung trägt. Mitarbeiter brauchen Orientierung und eine glaubwürdige Leitfigur, die sicher vorangeht. Dabei sind die Erfahrungen aus dem Sport unschätzbar, denn Leodegar Pruschak weiß nicht, „ob ich ohne die Erkenntnisse, die im Sport stecken, im Beruf so reüssieren hätte können. Vermutlich wohl eher nicht. Selbst wenn die Einsichten, die Selbsteinschätzung von Erfolg oder Misserfolg erst in der Reflexion möglich waren. Einst sah ich es als Erfolg, wenn alle sagten, ich sei der Beste, ob in der Schule oder im Sport. Heute ist Erfolg für mich, das Beste aus einer Aufgabenstellung herausgeholt zu haben. Das gibt mir das höchste Gefühl der Zufriedenheit. Aber selbstverständlich gehört auch heute noch ein gewisser Grad an Anerkennung dazu."

Die Auswahlkriterien für Sponsoringprojekte im Spitzensport sind (nicht nur) bei Raiffeisen mehrdimensional.

Erstens: Die wirtschaftliche Komponente verlangt nach einer Sportart, die Reichweite und Quoten bringt und hohe Aufmerksamkeit genießt. (Natürlich ist die Fokussierung der Medien und in weiterer Konsequenz der Öffentlichkeit auf wenige Sportarten in diesem Zusammenhang nicht unproblematisch.)

Zweitens: Die Sportart muss zum Markenbild des Unternehmens passen.

Drittens: Es werden die besten Sportler der jeweiligen Sportart gesichtet, die potenziellen Siegertypen, aber nicht ausschließlich. Es geht genauso um Persönlichkeit und Charakter, um Ausstrahlung und Zielstrebigkeit. Im Endeffekt, ob der Sportler in Österreich Starpotenzial hat, um dieses Wort zu gebrauchen. Thomas Muster oder Hermann Maier sind perfekte Beispiele „echter Typen" mit unbändigem Siegeswillen.

Ist die richtige Persönlichkeit einmal gefunden, dann ist eine gute Betreuung ein Garant für den Erfolg des Testimonials. Zu Raiffeisen als bodenständigem Unternehmen passen, so Leodegar Pruschak, „auch natürliche Typen, die aus breitenwirksamen Sportarten kommen und authentisch sind".

Dazu kommt die präzise Definition der zu erreichenden Kommunikationsziele und des erwünschten Imagetransfers vom Sportler hin zum Unternehmen. Der Skisport ist daher klar der Favorit, denn hier ist Österreich seit Jahren die Nummer 1 der Welt. Und wenn man, wie Leodegar Pruschak meint, „mit Hermann Maier den besten Typen erkennt und für sich gewinnen kann, hat man einen guten Job gemacht".

Fußball ist neben dem alpinen Skisport die für Österreichs Sportkonsumenten und -konsumentinnen zweitwichtigste Sportart. Selbst wenn wir dort nie so erfolgreich waren wie im Skisport und wahrscheinlich auch nie zu den führenden Nationen zählen werden, emotionalisiert Fußball wie kein anderer Sport und ist mit seiner Beinahe-Ganzjahresausrichtung für Pruschak eine perfekte Ergänzung zum Winterschwerpunkt.

Daneben gibt es Sportarten, die über außergewöhnliche Einzelkarrieren ins Rampenlicht rücken, wie seinerzeit Tennis durch Thomas Muster. Thomas Muster hat aus Österreich eine Tennisnation gemacht. Raiffeisen entschied sich damals für Muster, da man erkannt hatte, dass er zwar nicht unbedingt talentierter war als seine Tenniskollegen im Bundes-Sportzentrum Südstadt, dafür aber erfolgshungriger und zielorientierter. Leodegar Pruschak: „Es geht nicht nur ums Talent, sondern in erster Linie darum, was ein Mensch aus seinen Möglichkeiten macht. Ein weiterer Aspekt ist, wie gut es dem Sportler gelingt, eine ‚Marke' zu werden. Wie es Hermann Maier wurde, indem er nicht das sagte, was Medien hören wollten, sondern spontan mit der ihm eigenen Offenheit das sagte, was er sagen wollte. Das ist für die Aufmerksamkeit einer Marke am wirkungsvollsten."

Die Präsenz der Marke durch den Sport in der Öffentlichkeit zeigt deutliche Effekte in der Marktforschung. Studien belegen, dass Sportsponsoring die größte Säule im Kommunikationsprofil der Marke Raiffeisen ist und zum Imageprofil wesentlich beiträgt, stärker als klassische Werbung oder Verkaufsförderung. Die gesamte Kommunikation der letzten

Jahre wurde rund um die Leitfigur Hermann Maier aufgebaut. Das war früher bei Niki Lauda, Gerhard Berger oder Thomas Muster anders geartet. Damals wurden nur situativ Werbesujets entwickelt, primär stand die Logopräsenz im sportlichen Erfolgsumfeld im Vordergrund. Hermann Maier hingegen ist als Testimonial mittlerweile auch nach der Sportkarriere ein Erfolgsgarant.

Leodegar Pruschak: „Die ungestützte Sportwerbeerinnerung (‚Welche Bank engagiert sich besonders im Sport?') für die Marke Raiffeisen beträgt in Österreich aktuell 58 %, der nächste Mitbewerber kommt auf 20 %. Das beweist klar die Affinität unserer Marke zum Sport. Unterstützend zur Spitzensportorientierung auf nationaler Ebene ist die Kombination mit der Förderung des Jugend- und Breitensports auf regionaler und lokaler Ebene. Der Return on Investment aus dem Sportsponsoring ist enorm hoch!"

Wenn auch der Fokus auf der Markenpräsenz und am Imagetransfer liegt, so erstreckt sich Sport doch weit in die Unternehmenskultur. Das Sportengagement bewirkt, dass sich Mitarbeiter intensiver mit der Thematik beschäftigen. Autogrammstunden mit den Stars für die Mitarbeiter stärken deren Identifikation mit Sport und Sportlern. Ob jedoch die besonderen Leistungen, Willenskraft, Zielstrebigkeit und das Überwinden von Niederlagen und Verletzungen im Geist der Mitarbeiter etwas bewirkt, kann man objektiv schwer beurteilen. Aber: Dass Raiffeisen auch nach ihren Unfällen zu Thomas Muster und Hermann Maier gestanden ist, hat emotional viele Menschen bewegt, Sympathien gebracht und spiegelt das Markenselbstverständnis und die Unternehmenskultur wider. Ein Hermann Maier lässt heute noch immer keinen kalt. Er ist Vorbild für viele Menschen, die sich nach Verletzungen ins Leben zurückkämpfen.

Wie aber transferiert ein Unternehmen die Tugenden des Sports in seine Unternehmenskultur? Leodegar Pruschak: „Hermann Maier wurde bei internen Veranstaltungen öfters als Diskussionspartner engagiert und hat den Mitarbeitern seine Philosophie nähergebracht. Außerdem haben wir Heini

Bergmüller, der einen wesentlichen Beitrag zu den Erfolgen Hermann Maiers geleistet hat, zu Vorträgen eingeladen. Für Mitarbeiter und Manager haben wir Seminare zum Thema ‚persönliche Fitness' angeboten, die intensiv genutzt wurden. Wir haben Trainingsbücher im großen Stil über Raiffeisen-Bankstellen vertrieben. Damit haben wir wesentliche Impulse gesetzt und die ‚Philosophie Maier' transportiert, soweit man das als Unternehmen eben kann. Umsetzen müssen es die Leute dann selber. Und da stellt oft der innere Schweinehund ein Hindernis dar."

Sportler sind gefragte Gäste bei Diskussionen und bringen Managern ihre Erfahrungen und Erkenntnisse näher. Leodegar Pruschak sagt dazu, dass „Sportler durch Zielstrebigkeit, Willenskraft und Professionalität in der Lage sind, Managern wichtige Impulse zu geben. Man darf dabei nicht vergessen, dass Sportler weit herumkommen, viele Menschen kennenlernen und sehr viel im Mentalbereich arbeiten. Sportler lernen auch, unglaublich viele Informationen aufzusaugen, zu filtern und zu verwerten. Hermann Maier zum Beispiel ist ein sehr guter Zuhörer, der Informationen sofort für sich interpretiert und umsetzt. Der Sportler sieht auch das Besondere, was wir im Sport sehen, bei Managern und respektiert ihre Leistungen so wie diese die von Spitzensportlern."

Nach der aktiven Karriere setzt Raiffeisen in der Zusammenarbeit mit seinen Sportlern auf Kontinuität: „Zu vielen unserer Exathleten stehen wir nach wie vor in partnerschaftlicher Beziehung. Markus Rogan ist ein Beispiel, wie wir Sportler auf dem Weg ins Berufsleben unterstützt haben. Er wollte in die Wirtschaft, das Banking lernen und Raiffeisen gab ihm die Gelegenheit dazu. Voraussetzung dabei ist jedoch immer, dass der Sportler das auch wirklich will. In Summe ist die Zusammenarbeit von Sportlern und Wirtschaft ein Geben und Nehmen mit gegenseitigem Vertrauen."

So schließt sich ein Kreis: Die Wirtschaft bewegt mit ihrer Unterstützung Sport, später bewegen Sportler mit ihren Leistungen und ihrer Persönlichkeit die Wirtschaft. Diese Ideale sind hier und dort gleich:

- Setze klare Ziele und verfolge diese konsequent.
- Gehe eigenständige Wege („sei anders als die anderen").
- Fokussiere dich auf das Wesentliche.
- Respektiere deine Konkurrenten.
- Sei ein Teamplayer.
- Lerne, mit Erfolg umzugehen.
- Lerne, mit Niederlagen umzugehen.
- Mach alles, was du machst, mit Leidenschaft und Spaß.

4.3 Sport und Personalberater

Markus Brenner

Markus gründete im Jänner 2007 das Personalberatungsunternehmen Brenner & Company mit Sitz in Wien. Tochterunternehmen in CEE wurden bereits gegründet oder sind gerade in Gründung. Markus hat aus der Kindheit viel vom Sport mitgenommen. Was das genau ist und was Sport mit Personalsuche zu tun hat, darum geht es hier.

Die Bedeutung von Sport liegt für Markus in erster Linie darin, dass er „unheimlich zum inneren Gleichgewicht beiträgt. Längere Zeit ohne Sport macht mich unrund. Und das ist für meine Mitarbeiter ebenso spürbar wie im Privatleben. Bewegung ist ein ausgleichender Faktor, das blieb über von meiner Sportaktivität in der Jugend."

Das schlampige Talent wuchs in Hainburg an der Donau auf. Geförderte Sportstrukturen gab es dort nicht, nur einen Fußballplatz und Tennisanlagen. Klein Markus war mit den Eltern oft am Tennisplatz, und wenn die Eltern mit dem Spielen fertig waren, durfte Markus einige Minuten den Ball hin und her schupfen. Wie es früher üblich war, rekrutierte der Fußballscout irgendwann alle Burschen der Volksschule für den Fußballverein.

Fußballspielen war eine harte Geschichte, eine gute Schule, doch Fußball war nicht die Welt von Markus. Im Alter von neun Jahren dann der Move zum Tennis, wo es relativ schnell voranging. Markus zählte im regionalen Bereich trotz mangelnder professioneller Strukturen bald zur Spitze und „man hat gesehen, dass einer da ist, der mit Schläger und Kugel umgehen kann und relativ schnell der Beste jener ist, die durch Trial and Error lernen. Das vergleichende Tun in jungen Jahren ist im Sport schnell messbar. Wenn man dazu disponiert ist, sich mit anderen messen zu wollen, kann man mit etwas Talent und viel Training relativ schnell etwas erreichen, auch wenn es keine optimale Betreuung durch Trainer gibt."

Dann kam der Umzug nach Mödling und viel von der Freizeit – auch wegen der Mädels – wurde am Tennisplatz verbracht. Sport war für Markus immer nur eine Freizeitbeschäftigung, obwohl das Talent sicher gereicht hätte, um Tennis auch auf hohem Niveau wettkampfmäßig zu spielen. Aus heutiger Sicht ist Markus froh, dass es nie dazu gekommen ist, was als Zufall einzustufen ist. Denn wäre er gefragt worden, wäre die Wahrscheinlichkeit groß gewesen, um zum Beispiel ins Bundes-Sportzentrum Südstadt zu gehen und eine professionelle Tenniskarriere zu versuchen. Später schloss Markus den Tennis-Lehrwart ab, um – wie er sagt – „die Technik ordentlich zu lernen".

Der Berufsweg führte zu einer HTL-Ausbildung als Elektrotechniker, wahrscheinlich nur, weil der Vater auch Techniker war. Als passender Sport kristallisierte sich Landhockey heraus, denn man fuhr durch ganz Europa und die Schulleitung unterstützte das Team. Der Mannschaftssport war eine gute Schule für Markus, denn neben 45 Wochenstunden Unterricht war Konsequenz gefordert, um 3- bis 4-mal pro Woche nach der Schule bis 23.00 Uhr das Training durchzuziehen.

Markus: „Wir hatten sehr viele echte Talente im Team. Wenn du in der obersten Mannschaft mitspielen wolltest, musstest du ganz schön hart trainieren. Faulheit wurde sofort bestraft, denn der Unterschied zu den Teamkameraden wurde sofort augenscheinlich. Dazu kamen der soziale Aspekt und gruppendynamischer Druck. Meine Mutter sagte immer: Wenn du dich für etwas entscheidest und du dich zu etwas verpflichtet hast, dann ziehe es für den versprochenen Zeitraum durch. Du kannst nicht sagen, heute will ich und morgen nicht. Zu Entscheidungen zu stehen und diese durchzuziehen habe ich vom Elternhaus mitbekommen und viel mehr noch im Sport gelernt. So gesehen war der Hockeysport für die Sozialisierung, aber auch für die Persönlichkeitsentwicklung sehr wichtig für mich. Man lernt sich durchzubeißen, lernt, dass es Höhen und Tiefen gibt, dass man verzweifelt, wenn man trotz perfektem Spiel nur Zweiter wird und verliert, man lernt, dass Niederlagen verarbeitet werden müssen, dass weitertrainiert werden muss oder neue Motivation für das nächste Spiel aufgebaut werden will."

Die Schule schloss er neben dem Hockey ab. Demut war damals kein großes Thema für ihn, doch heute beim Golf, der dritten Leidenschaft von Markus, spielt sie eine Rolle. Denn mit Krampf und Gewalt geht bei diesem Sport nichts. Golf ist eine sehr gute Schule für mentale Fokussierung, wie beim Biathlon. „Man muss in die Ruhe kommen, um das Ziel treffen zu können."

Der berufliche Weg war bis Anfang zwanzig nicht klar. Klar war nur, dass die Technikerkarriere nicht die Zukunft sein konnte. Daher die rationale Entscheidung, die Wirtschaftsuni zu absolvieren. Das Studium, so Markus, „hat ewig lang gedauert, da ich daneben immer Vollzeit beschäftigt war. Ich wollte nicht von meinen Eltern abhängig sein. Je älter ich werde, desto mehr bin ich der Meinung, dass man sehr stark im familiären Umfeld disponiert wird, ob man zum Sport hingezogen wird und welche Eigenschaften durch Unterstützung ausgebaut werden. Wichtig war immer, das durchzuziehen, wozu man sich verpflichtet hat."

Sport ist ein ausgleichender Faktor, der Kraft zurückgibt, um Stress besser aushalten zu können. Markus ist immer noch wichtig, sein Match zu gewinnen, das Beste aus sich herauszuholen. Auch beim Golf. Den Wettkampfgedanken zu leben, besser zu sein als der andere.

Hier finden wir eine große Parallele zwischen Sport und Wirtschaft. Denn letztlich ist das Wirtschaftssystem auf Wettkampf aufgebaut, ein Wettkampf um die Ressourcen Job und Geld. Man will mehr verdienen, besser sein als das Umfeld, in dem man sich bewegt. Ehrgeiz und Karrieredenken haben ihre Wurzeln sehr stark im Vergleichenden.

Markus: „Man vergleicht sich mit Freunden, Bekannten oder Kollegen, mit denen man auf derselben Stufe steht. Natürlich gibt es Branchenvergleiche, aber niemand regt sich auf, wenn der Bankdirektor im Verhältnis mehr verdient als der Tourismusdirektor, weil der Vergleich überwiegend innerhalb der Branchen angestellt wird. Ein Drittligist, der super spielt, wird sich in der Regel nicht mit dem Erstligisten messen."

In der Personalberatung war der Gedanke schon länger präsent, die Persönlichkeitseigenschaften eines erfolgreichen Sportlers im Auswahlprozess zu berücksichtigen. Wobei die Definition von Erfolg nicht davon abhängt, ob einer Weltmeister, Olympiasieger oder Staatsmeister ist. Wichtige Kriterien sind Hartnäckigkeit, ehrliches Bemühen, das Unterordnen anderer Lebensbereiche, schonungslose Fehlersuche und nicht zuletzt die Bereitschaft, alternative Strategien zu suchen und anzuwenden, wenn die alten nicht funktionieren. Markus erklärt die Grundthese von Brenner & Company: „Wenn jemand im sportlichen Leben bewiesen hat, dass er diese Eigenschaften ausgeprägt und für sich selber gelebt hat, sind das gewisse Voraussetzungen, die ihn für eine Managementposition besonders attraktiv machen. Das bedeutet nicht, dass andere das nicht haben. Der Unterschied ist: Der Sportler hat es bereits bewiesen. Die Wahrscheinlichkeit, dass man mit einer Sportpersönlichkeit besser fährt als mit einem Nichtsportler, ist jedenfalls gegeben. Das gilt allerdings nur, wenn die fachlichen Qualifikationen vergleichbar sind. Die intrinsische Motivation, der innere Antrieb, spielt natürlich ebenso eine Rolle."

Wichtig ist jedenfalls eine Balance zwischen Sport und Bildung. Bildung sollte keinesfalls vernachlässigt werden, auch wenn fachliche Defizite schneller und einfacher aufzuholen sind als Persönlichkeitsdefizite. Die Evaluierung von Personen im Auswahlprozess erfolgt hauptsächlich im Persönlichkeitsbereich; die entsprechende fachliche Qualifikation wird vorausgesetzt. Markus sieht in Österreich einen großen strukturellen Bedarf, den scheinbaren Widerspruch Sport und Intellekt aufzuheben. Das müsse in der Schule beginnen, ziehe sich weiter über die Sportverbände bis hin zur Politik. Alle seien gefordert.

Sport und Hirntraining befruchten sich gegenseitig, Sport macht aufnahmefähiger, flexibler, leistungsfähiger und vice versa. Die Performance von Teams hängt durchaus auch mit dem Grad der Schulung des Intellekts zusammen. Denn Strategien werden – so die These – bei identischen körperlichen Voraussetzungen von intellektuell geschulten Sportlern leichter verstanden und effektiver in die Praxis umgesetzt, ins Spiel integriert. Professionell geführte Akademien, die Wert auf eine balancierte Ausbildung legen, wären möglicherweise eine gute Basis.

Markus: „Je mehr Geld lockt, desto größer ist die Versuchung, die Ausbildung zugunsten des Sportes abzubrechen. Doch wenn man sieht, wie wenige es schaffen, sich durch den Sport eine solide finanzielle Basis zu erarbeiten, ist es umso wichtiger, Strukturen zu schaffen, die Bildung bis zum Maturaniveau als Mindestmaß und Ausgangsbasis für eine intellektuelle Basisbreite garantieren. Das ermöglicht später beim Berufseinstieg, etwaige fachliche Defizite schnell kompensieren zu können. Man sieht auch, dass Akademiker oft in der Lage sind, vernetzter zu denken, und Situationen besser antizipieren können, da sie andere Zugänge haben. Um diese Grundmuster später zur Verfügung zu haben, ist es hilfreich, in relativ frühen Jahren ein intellektuelles Grundniveau zu schaffen; im zweiten Bildungsweg ist das nur sehr selten möglich. Daher plädiere ich sehr dafür, dass Sportler während ihrer aktiven Zeit – egal in welchem Sport – von den Verbänden, der Politik, von Universitäten die Möglichkeiten erhalten, Ausbildung und Sport vereinen zu können. Menschen, die zum Beispiel nach einer Lehre einen zweiten Bildungsweg beginnen und durchhalten, sind vergleichbar mit Hochleistungssportlern. Neben Beruf und/oder Familie eine Ausbildung ohne unmittelbaren finanziellen Gewinn über Jahre hindurch durchzuziehen, zeugt von ausgeprägtem Willen, hoher Zielstrebigkeit und der Fähigkeit, Prioritäten zu setzen."

In Auswahlverfahren steht kein Faktor für sich allein, es ist die Kombination, die überzeugt. Ein Sportler ohne Benimmregeln wird sich nicht durchsetzen, egal wie erfolgreich er war. Wenn es um gleichwertige berufliche Erfahrungen geht, ist Sport ein Kriterium, ein anerkannter Wert; und das nicht nur bei Managern, die selber Sport betreiben.

In den letzten Jahren hat die Verbindung von Sport und Wirtschaft auch im öffentlichen Interesse an Bedeutung gewonnen. Fähigkeiten von Sportlern werden zunehmend als Ressource er- und anerkannt. Möglicherweise hat die Suche nach Problemlösungskompetenzen zu einer veränderten Sichtweise geführt. Markus: „Das erinnert mich an den Ausdruck ‚promovierte Folienoptimierer'. Es gab eine Zeit lang die ganz jungen Highflyer der Dotcom-Ära, die meisten von ihnen haben das Platzen der Blase nicht überlebt. Sie waren fachlich durchaus gut, bei Schönwetter waren sie fast unschlagbar. Als jedoch Wolken und Nebel aufzogen, hat diese Generation ihre Grenzen sehr schnell erkennen müssen. Gleichschaltung der Charaktere in einem Unternehmen ist immer gefährlich, Vielfalt notwendig als Regulativ und Reflexionsmöglichkeit."

Leben heißt lernen! (Auch für Sportler.) Vor dem Maturaniveau sollte keiner aufhören zu lernen. Wenn einer ein guter Sportler ist und die Kraft hat, den Sport durchzuziehen, dann sollte er seine persönlichen Zieldefinitionen und intellektuellen Ansprüche erweitern. Ein Beispiel dafür könnte das Ablegen einer Englischprüfung als Vorbereitung für einen Wettkampf in Neuseeland sein. Es geht in erster Linie darum, das Hirn zu trainieren, nicht darum, verwertbares Wissen reinzustopfen. Freilich sollte das Erlernte in der einen oder anderen Weise für eine spätere Karriere in der Wirtschaft verwertbar sein. Entscheidend ist, nicht aufzuhören, das Hirn neben dem Sport zu fordern. Davon profitiert auch der Sport. Markus: „Jeder Abschluss erleichtert den Einstieg ins Berufsleben. Oft müssen Sportler ihre Karriere wegen Verletzungen plötzlich beenden, oder ein Vertrag wird überraschend nicht verlängert. Dann kommt das große Loch. Sich erst danach Gedanken über seine Karriere zu machen, wird etwas zu spät sein. Die Ausbildung sollte früher beginnen."

Es könnte ein Erfolg versprechender Weg sein, finanzielle Förderungen für Spitzensportler auf motivierende und inspirierende Art mit Lernzielen zu verknüpfen. Mehrwert für die Wirtschaft sind beispielsweise Fremdsprachen, Seminare zur Persönlichkeitsentwicklung oder das Erlernen von Präsentationstechniken. Das sollte sowohl für die Sportler selber, aber auch für Sportorganisationen gelten. In Trainerausbildungen könnten zum Beispiel wirtschaftliche Themen verstärkt gelehrt werden, könnte mehr darüber gesprochen werden, wie sich Sport und Wirtschaft integrieren lassen. Markus vergleicht das mit seiner Branche – der Personalberatung – und Psychologen: Auch wenn Psychologen oft sehr gut ausgebildet seien, fehle in der Regel der praktische, wirtschaftliche Teil und das Wissen darüber, wie Wirtschaft funktioniere. Erfolgreich sei nur die Kombination beider Bereiche.

„In der HTL wurden wir unfreiwillig Teilnehmer einer empirischen Studie. Der Hockeytrainer kam uns abhanden, und es war keiner verfügbar. So fragten wir Spieler einen sehr gescheiten, introvertierten Erziehertypen, ob er denn nicht unser Trainer sein wollte. Dieser Mann war zwar nicht in der Lage, uns Hockeytechnik beizubringen, er hat aber unglaubliche, neue Ansätze ins Spiel gebracht, hat sehr analytisch gearbeitet, Bewegungsanalysen durchgeführt, neue taktische Spielzüge entwickelt. Wir waren sehr erfolgreich damit, neue Methoden umzusetzen. In der Wirtschaft passiert das leider viel zu selten, und leider auch bei den Personalberatern, obwohl ich das als eine unserer Kernaufgaben erachte."

4.4 Sport und Sporthilfe

Anton Schutti

Seine Heimat ist die Obersteiermark. Dort, in Seckau, träumte der Bub Toni wie so viele seiner Altersgenossen von einer Fußballkarriere. Die Freizeit verbrachten die Kinder aus dem Ort überwiegend auf dem Fußballplatz. (Damals wurde tatsächlich noch live gekickt, mit echtem Ball auf echtem Gras, statt wie heute gern auf der Playstation digitale Bälle über virtuelle Pixelwiesen zu dribbeln.) In Seckau gab es auch ein progressives Gymnasium, das in neue Sportanlagen investierte. Daher wurde Sport intensiv gefördert, die Schüler ermutigt, sich sportlich zu betätigen. Und: Es gab den entscheidenden Professor. Er hieß Rudi Punkenhofer. Der engagierte sich, förderte die Schüler sportlich und brachte Toni zum Skilanglauf. Man arbeitete mit wissenschaftlichen Trainingsmethoden und systematisierte das Training. So wuchsen Langläufer wie Alois Stadlober heran.

Sein beruflicher Weg führte Toni über die Ausbildung zum Diplomsportlehrer auf der Schmelz über die HSNS (Heeres-Sport- & Nahkampfschule) in Saalfelden zum Einstieg bei Fischer Ski als Servicemanager für den nordischen Bereich. In acht Jahren betreute er viele Weltmeister und Olympiasieger, Toni Innauer zum Beispiel. Bei Fischer lag der Fokus neben Österreich im Aufbau der Marke für Skandinavien und den Oststaaten. 1985 wechselte Schutti zum Konkurrenten Atomic, um im zum damaligen Zeitpunkt rein auf den Alpinsport ausgerichteten Unternehmen den nordischen Sport zur gleichen Stärke wie den Alpinbereich zu entwickeln. 1994 wurde Toni die Gesamtleitung für den alpinen und nordischen Bereich des Atomic-Rennsports übertragen: „Das war eine schöne Pionierarbeit nach der Übernahme von Atomic durch Amer Sports. Wir haben mit Hermann Maier, Lasse Kjus und Luc Alphand fünf Weltcup-Gesamtsiege errungen, dazu einige Weltmeistertitel. Auch bei den Nordischen gingen wir bei der Weltmeisterschaft in der Ramsau 1999 als erfolgreichste Marke – vor Fischer – hervor. Das war unser großes Ziel gewesen."

Sport stand auch bei seiner nächsten Aufgabe im Vordergrund. Im Jahr 2000 wurde Toni zum Geschäftsführer der Österreichischen Sporthilfe bestellt: „Die Sporthilfe musste den Anforderungen der Zeit, viel mehr aber noch den Bedürfnissen der Sportler angepasst werden. Unser Ziel war es, Förderprogramme auszuweiten und den Sport stärker als bisher mit der Wirtschaft zu verknüpfen und in der Wirtschaft zu positionieren."

Die Aus- und Weiterbildung wird von Sportlern vor, aber vor allem auch während ihrer aktiven Laufbahn gern vernachlässigt. Man konzentriert sich voll auf den Sport, der meistens notwendige Berufseinstieg liegt in weiter Ferne. Doch dann kommt er schneller, als man denkt. Jetzt sollte man bereit sein, sich dem Wettbewerb am Jobmarkt zu stellen, sollte das Rüstzeug, das nötige Wissen haben, um auch dort bestehen zu können. Der Name aus dem Sport, die Fähigkeiten helfen oft weiter. Ein bekannter Name öffnet Türen, aber arbeiten muss man selber. Ist man erst einmal in einer gewissen Position angekommen, hilft der Name nicht mehr wirklich weiter. Wir sehen die Analogie zum sportlichen Wettkampf: Es will trainiert werden! Erst die Verknüpfung der Fähigkeiten aus dem Sport mit der notwendigen Ausbildung bringt die Leistungsfähigkeit des Exsportlers in der Wirtschaft zur Entfaltung.

Toni geht hier als Beispiel voran, denn erst vor wenigen Jahren absolvierte er die Ausbildung zum Diplomökonom und zum „Master of General Management" in St. Gallen.

In der Sporthilfe wurden Überlegungen angestellt, wie Sportler nach der Karriere in den Wirtschaftsprozess integriert werden können. Dazu hat man im Wirtschafts-Förderungs-Institut als größtem Bildungsanbieter einen kompetenten und starken Partner gefunden und hat die WIFI Sporthilfeakademie ins Leben gerufen. Der Fechter Benny Wendt war maßgeblich am Aufbau der Akademie beteiligt. Versuche, die Programme über E-Learning anzubieten, scheiterten jedoch. Heute ist eine Potenzialanalyse mit Karrieregespräch für die Athleten eine zwingende Voraussetzung, um ins Förderprogramm aufgenommen zu werden.

Toni: „Das Ziel ist es, beim Sportler eine Sensibilisierung für die Karriere danach, die oft schneller notwendig ist, als es der Sportler realisiert, zu erreichen. Wir haben circa vierzig Athleten laufend im Programm, wobei der Großteil der Ausbildung durch die Sporthilfe bezahlt wird. Der Athlet leistet einen Selbstbehalt. Wir wollen noch mehr Sportler überzeugen, aktiver an ihrer Ausbildung zu arbeiten und das Angebot besser zu nützen. Denn der Name aus dem Sport erleichtert möglicherweise den Einstieg und erhöht die Chancen, gehört zu werden, am Ende des Tages zählt jedoch in der Wirtschaft wie im Sport nur die Leistung, die man bringt. Und da ist Ausbildung der wichtigste Baustein."

Ein weiteres vielversprechendes Projekt ist der Jugendsportpreis, der von Terragas unterstützt wird. Ziel ist es, die Aufmerksamkeit auf junge, aussichtsreiche Athleten zu lenken, aktuell etwa Thomas Morgenstern, Gregor Schlierenzauer oder Dinko Jukic. Die Sieger erhalten ein Förderstipendium, um noch effizienter an ihrer sportlichen Karriere arbeiten zu können.

Wüstenrot bietet den besten Nachwuchsathleten unter dem Titel „Winners for Future" ein Stipendium an. Unterstützt werden pro Jahr 20 Athleten im Alter bis 25 Jahren. Die ausgewählten Sportler werden speziell gefördert und erhalten eine fundierte Berufsausbildung.

Dr. Susanne Riess-Passer, Generaldirektorin Bausparkasse Wüstenrot AG: „Nicht jeder Athlet tritt als Olympiasieger oder Weltmeister ab, daher möchten wir den Athleten die Möglichkeit bieten, in Form einer individuellen Ausbildung bei Wüstenrot schon jetzt für die Karriere nach dem Sport vorzusorgen."[1]

Am anderen Ende des Sportlerlebenszyklus steht „Karriere danach" – eine Förderung der Sportler nach ihrer Laufbahn, um den Einstieg ins Berufsleben zu ermöglichen. Unterstützt wird dieses Programm durch das Arbeitsmarktservice (AMS).

1 http://www.sporthilfe.at/sh/content/powerslave,id,439,nodeid,22,lang,.html

Toni Schutti: „Sportlern stehen heute unglaubliche Ausbildungsmöglichkeiten offen. Wir denken und handeln langfristig und legen Wert auf die Nachhaltigkeit der Programme. Die Statuten der Sporthilfe sehen eine Unterstützung der Sportler materiell wie auch ideell vor. Berufsintegrative Maßnahmen sehen wir als ideelle Unterstützung, die unbedingt notwendig ist. Denn Sportler übersehen diese Thematik in ihrer absoluten Konzentration auf den Sport sehr oft. Die Erfahrung ehemaliger Sportler zeigt immer wieder, dass die Notwendigkeit, den Berufseinstieg rechtzeitig zu planen, negiert wird. Und genau das wollen wir ändern."

Argumente, warum Unternehmen Sportler aufnehmen sollten, sind, so Toni, vielfältig. Sport sei prägend und bilde nachgewiesenermaßen positive Eigenschaften aus. Diese können Zielorientierung, Disziplin, Belastungsfähigkeit sein. Eben all das, was der Sportler brauche, um erfolgreich zu sein. Und Unternehmen suchen nach Eigenschaften der Sieger.

Dazu kommen Sympathiewerte, ein hoher Bekanntheitsgrad, vor allem aber Soft Skills. Die Erfahrung zeigt, so Toni, dass Unternehmen diese Eigenschaften schätzen und Sportler daher begehrte Mitarbeiter sind. Ein wesentlicher Punkt dabei ist, wie sich der Sportler während der aktiven Laufbahn positioniert, um den Marktwert zu steigern, um sich für die Wirtschaft interessant zu machen. Toni berichtet, dass Unternehmen in der Personalsuche mittlerweile „Karriere danach" kontaktieren. So hat vor Kurzem ein Mobilkomanbieter aktiv für eine Position, die mit einem Spitzensportler besetzt werden sollte, angefragt. Toni: „Dort, wo vermittelt wurde, ist das Feedback bislang sehr positiv. Sportler sind durchwegs fähig, das Gelernte aus dem Sport in der Wirtschaft umzusetzen. Genau hier sehen wir uns als Sporthilfe – wir tragen diese Erfahrungen an Firmen heran, zeigen, dass Sportler wertvolle Ressourcen sein können."

Sport und Wirtschaft wollen noch weiter verknüpft werden, Sportler sollen mit Wirtschaftstreibenden und Unterstützern enger in Kontakt treten. Dazu wurden Plattformen wie der Emadeus Klub oder aber die Initiative Sport & Business gegründet. Die Sportlerwahl des Jahres hat zum Ziel, die Sportler in den öffentlichen Mittelpunkt zu rücken. Toni sieht die Sporthilfe als Dienstleister am Sport, als Integrator aktiver und ehemaliger Sportler sowie Wirtschaftstreibender, die mit Sportlern in Kontakt treten sollen, um deren Potenziale zu erkennen.

Die Rolle der Politik ist auch im Sport wichtig. Der jeweilige Sportminister ist immer der Präsident der Sporthilfe. Dazu kommen drei Vizepräsidenten: die Präsidenten des Olympischen Komitees, der Wirtschaftskammer und der BSO (Bundes-Sport-Organisation). Diese Konstellation spiegelt die Wichtigkeit, die Bedeutung der Sporthilfe und des Sportes in der Gesellschaft wider.

Toni: „Je stärker der Präsident, also der Sportminister ist, je mehr Engagement es gibt, desto mehr ist dem Sport, den Bemühungen, möglichst umfangreich fördern zu können, geholfen. Daher ist ein starkes Präsidium mehr als wünschenswert. Sport, Wirtschaft und Politik können sich natürlich ergänzen, wobei die Sporthilfe politisch unabhängig ist und keine öffentlichen Mittel erhält. Der größte Förderer sind die österreichischen Lotterien. Dazu kommt ein Partnerschaftsnetzwerk mit vielen Gönnern, Freunden und Unterstützern."

Breitensport braucht Idole. Denn wenn Idole da sind, steigt die öffentliche Wahrnehmung der Sportart, und die Wirtschaft ist eher bereit, Sport zu unterstützen. In der öffentlichen Wahrnehmung – vor allem von Randsportarten – wartet hier noch viel Arbeit. Daneben soll Breitensport als Beitrag zur Gesundheit weiter gefördert werden. Großereignisse setzen dabei Impulse, denen der Breitensport folgt.

Sport muss fair bleiben, Doping mit allen Mitteln bekämpft werden. Wie mit der Kampagne „Leistung, Fair Play miteinander". Das ist nicht nur für den Sport relevant, sondern, so Toni, auf der Werteebene auch für die Gesellschaft. Es gehe in erster Linie um eine faire Sportausübung, aber auch um verschärfte Richtlinien gegen Dopingsünder. Sportler verpflichten sich freiwillig zu dieser Initiative und geben mit ihrer Unterschrift ein klares Bekenntnis für einen fairen Sport ab. Corporate Social Responsibility sozusagen.

Die schönste Aufgabe für Toni ist es, einen Beitrag zum Erfolg der Sportler leisten zu können, was ihm seit über 30 Jahren an der Schnittstelle Sport und Wirtschaft möglich war: „Ich hatte das Glück, mit vielen Sportpersönlichkeiten arbeiten zu können. Dabei stand nicht nur der sportliche Erfolg im Vordergrund, sondern vor allem die Persönlichkeit der Sportler, die menschliche Größe. Das alleine brachte wahnsinnig viel an Kraft, Erfahrung und Freude. Der Kontakt zu diesen Menschen inspirierte und prägte mich. Auch und vor allem in Zeiten, in denen nicht immer alles so lief wie geplant. In der Krise zeigt sich die wahre Größe der Menschen."

5. Sport und Wirtschaft

15 Sportler aus unterschiedlichsten Feldern, teils noch aktiv, teils schon zurückgetreten, und sie alle haben eins gemein: Sie sind in der Wirtschaft erfolgreich. Sie besitzen oder leiten Firmen, organisieren Events oder helfen Geschäftsideen anderer Menschen auf die Beine. Sie jonglieren mit Millionen oder motivieren andere zu Höchstleistungen. Die einen machen es des Geldes wegen, die anderen folgen einem inneren Antrieb. Es ist eine bunte Palette faszinierender Charaktere, die sich im Gespräch geöffnet haben.

Sehr gerne hätte ich auch Sportlerinnen als erfolgreiche Geschäftsfrauen porträtiert, es hat sich jedoch – selbst nach intensiver Recherche – keine gefunden. Auch das sagt etwas über unsere Gesellschaft, fürchte ich. Sowohl über die Welt des Sports als auch über die Welt der Wirtschaft.

Hubert Neuper

Skispringer und Organisator

Sport war für Hubert, den Buben aus dem Ausseerland, immer schon wichtig. Sport war, was er eigentlich sein sollte: die pure Leidenschaft aus der tiefen Überzeugung heraus. Die Platzierungen waren ihm nicht wichtig. Die Konsequenz: Mit 15 Jahren flog er aus allen Skisprungkadern. So musste Hubert erkennen, dass man als Sportler ohne strukturiertes, regelmäßiges Training nicht besser wird, sondern am gleichen Niveau stecken bleibt. Die Beobachter hatten ihm nahegelegt, mit dem Sport aufzuhören – trotz offensichtlichem Talent und unbedingter Begeisterung. In gewisser Weise betrachtet hatten sie damit sogar recht, denn sie kannten nur die Momentaufnahme vom begeisterten Talent, das nix trainiert. Doch Hubert war überzeugt, dass er ein Großer werden konnte. Daher galt es, eine Symbiose zu finden. Die Balance zwischen notwendigem Training und der Begeisterung als Antrieb. Ohne Begeisterung, so Neuper, hat man keine Chance, ganz nach oben zu kommen; genauso wenig wie mit hartem Training, aber ohne Begeisterung.

Hubert: „Ich war inspiriert, wollte gut springen. Als ich Begeisterung und Training fusionierte, wurde ich in kurzer Zeit zum besten Springer der Welt."

Die wesentliche Erkenntnis daraus: Um Skisprungbewerbe gewinnen zu können, braucht man die Komponenten Begeisterung, harte Arbeit und den Willen, klar seiner Intuition zu folgen. Gut wird man „nur dann, wenn man das macht, was einem taugt, nachhaltig fleißig an sich arbeitet und nicht mit unlauteren Mitteln und faulen Kompromissen schnelle Erfolge erreichen möchte. Wie zum Beispiel mit Doping, wo sich der Sportler nicht nur selbst, sondern auch sein Spiegelbild und sein gesamtes Umfeld belügt. Ansonsten gibt es im Sport keine Kompromisse, außer dass man acht Kniebeugen statt zehn macht. Die Konsequenz daraus merkt man beim nächsten Wettkampf allerdings sehr schnell. Ich habe gelernt, dass du durch harte Arbeit und Begeisterung dein Leben und deinen Lebensweg beeinflussen kannst, dass du deinen Weg gehen musst, egal, was andere sagen. Ich musste die Kehrseite ebenso kennenlernen, den Verlust der Aufmerksamkeit für die Sache an sich als Folge der Siege. Anerkennung und Geld drängten in den Vordergrund und lenkten mich sehr stark vom Sport ab. Meine Leistungen wurden trotz harten Trainings schlechter, ich hatte für die Begeisterung keine Kraft mehr. Ich maß den Folgen des Erfolges zu viel Bedeutung bei. Heute ist mir bewusst: Erfolg braucht Bescheidenheit. Erfolg und Misserfolg sind gleich an Bedeutung, beides muss man annehmen."

In der Wirtschaft vergleichbar: Ein lukratives Angebot lockt, obwohl man bereits vorher spürt, dass die Aufgabe nicht wirklich passt, die Begeisterung nicht da ist. Nun ist die Verlockung groß, den Kompromiss des Geldes wegen trotzdem einzugehen. Mit der Disziplin, die man im Sport gelernt hat, kann man die Leistung durchaus eine Zeit lang auf hohem Niveau erbringen, den nötigen Beitrag leisten. Längerfristig betrachtet jedoch zerbrechen die Menschen emotional und brennen aus. Hubert hat für sich beschlossen, nur mehr Dinge zu tun, die seinem Wesen entsprechen, und das dann mit vollem Einsatz zu machen. „Ich habe gelernt, dass es enorme Folgen haben kann, wenn du nicht deinem Wesen folgst. Plötzlich kämpfen Verstand und Gefühl gegeneinander. Leider aber hat man oft verlernt, auf sein Gefühl zu hören. Es wird viel zu viel mit dem zwar guten und notwendigen, aber viel zu kleinen Verstand entschieden. Der Verstand ist nicht in der Lage, das große Ganze zu erkennen, damit werden Geld und Anerkennung zum Werteersatz und zur bestimmenden Entscheidungsgrundlage. Dies führt zu einem ständigen Konflikt, da man Dinge macht, die man eigentlich nicht wirklich tun will."

Nur: Es ist keine leichte Übung, herauszufinden, was man wirklich will. Aus der Fülle der Eindrücke, Angebote, Möglichkeiten, die von außen auf einen einwirken, ist es nicht einfach, das Richtige, das wirklich Passende herauszufinden. Auf dem Weg dorthin werden oft viele unterschiedliche Berufe ausgeübt, Projekte realisiert, Ausbildungen absolviert. Jeder einzelne Schritt bringt einen weiter auf dem Weg. Wichtig dabei ist, jeden Schritt bewusst zu gehen, im Hier und Jetzt, neugierig zu bleiben, in sich hineinzuhören, Kurskorrekturen anzubringen. Und Mut sollte man haben. Den Mut, den vom Navigationsgerät vorgezeichneten Weg zu verlassen, wenn es die Intuition nahelegt.

Hubert hat sich durch sein Burn-out 2003 sehr intensiv mit der Materie auseinandergesetzt und sie analysiert: „Man macht oft Dinge, nur um anderen gefallen zu wollen, um materielle Werte zu erreichen. Ich habe festgestellt, dass nicht der Erfolg an sich an erster Stelle steht. Erfolg ist die Folge dessen, was wir tun. Die äußere Wahrnehmung von Erfolg hat oft wenig damit zu tun, wie man Erfolg für sich selbst begreift. Wenn ich mich als Sportler darauf konzentriere, in der Zeitung stehen zu wollen, und ich das als Erfolg definiere, dadurch keine Kraft mehr habe für das Wesentliche – nämlich zu trainieren –, dann mache ich etwas falsch, denn das nimmt mir Energie weg und es schwächt mich. Darin liegt auch die Gefahr, dass man aufhört, der inneren Intuition zu folgen und sein Verhalten der Öffentlichkeit gegenüber rational erklärt, obwohl es einem selber nicht taugt. Damit spielt man eine Rolle, die erwartet wird; oder man meint bloß, dass die Öffentlichkeit diese Erwartungshaltung hat und versucht, ihr gerecht zu werden. So bin ich nach dieser schwierigen Zeit draufgekommen, dass ich erfühlen muss, ob das, was ich mache, mir und meinem Wesen entspricht. Die große Herausforderung ist zu erspüren, wann das Gefühl wirklich gut ist – und das ist wirklich schwer, denn der Verstand ist hartnäckig, kommt beim Hintertürl rein, redet dir gut zu, zeigt Szenarien auf mit möglichen Konsequenzen. Das ist meine Lernaufgabe: das, was sich gut anfühlt, auch umzusetzen, zu Dingen Nein zu sagen. Meiner Intuition zu folgen und mein Leben zu leben. Die Aufgabe ist nicht immer einfach, nur belastet es mich heute nicht mehr, da ich den Prozess bewusst lebe, wenn auch nicht immer konsequent genug."

Unser Wirtschaftssystem ist tendenziell rational über Zahlen gesteuert. Intuition als Entscheidungsgrundlage wird nicht akzeptiert, denn jede Entscheidung muss dem westlichen Denkrahmen folgend nachvollziehbar und begründbar sein, damit Beobachter und Marktteilnehmer die Entscheidung auch verstehen. Zahlen per se sind weder gut noch böse. Problematisch wird es jedoch, wenn die Menschen, die diese Zahlen produzieren, dabei zugrunde gehen, weil sie sich nicht mehr entfalten können und nur mehr vorgegebenen Prozeduren folgen, wenn sie keinen persönlichen Handlungsspielraum mehr haben. Dann muss das System irgendwann zusammenbrechen. Wirtschaft braucht motivierte Menschen mit dem Gefühl, dass die Aufgaben, die erfüllt werden, richtig sind, dass sie einen sinnvollen Beitrag leisten. Natürlich braucht es Rahmenbedingungen. Nur: Jeder muss sich überlegen, ob die Rahmenbedingungen zu seinem Wesen passen.

Eine der großen Herausforderungen für die Zukunft könnte sein, Intuition durch rationale Argumente zu unterstützen.

Hubert: „Unsere Wirtschaft ist auf Geld aufgebaut, unser ganzes Leben ist daher darauf ausgerichtet, Geld verdienen zu müssen. Dabei sollte jeder darauf schauen, den notwendigen Beitrag im Beruf zu leisten, dabei aber nicht darauf zu vergessen, sein Wohlbefinden, seine Lebensqualität zu entwickeln, um nicht auszubrennen. Und das ist mitunter reine Kopfsache. Auch Training macht nicht immer Freude, es ist aber die Grundlage zum Erfolg. Daher braucht man den notwendigen Dingen gegenüber eine positive Einstellung. Ich erledige Notwendigkeiten mit größter Aufmerksamkeit, ich versuche, die unguten Sachen mit aller Energie zu lösen. Denn dann stellt sich ein Erfolgserlebnis ein, dass das Ego spürbar braucht. Und gleichzeitig erzeugt das eine positive Einstellung zur Zielerreichung."

Für einen Sportler ist Erfolg nicht unbedingt das Offensichtliche: Erfolg könnte auch sein, die Technik, die es braucht, um Olympiasieger zu werden, in Perfektion zu erreichen. Zu jeder Tages- und Nachtzeit in jeder Faser des Körpers zu spüren, worum es geht, dieses Ziel mit mentalem und körperlichem Training zu erreichen, alles zu geben, was im Moment möglich ist. Dann ist der Sportler, so Hubert, supererfolgreich, auch wenn es nur der zehnte Platz ist. Leider macht der Verstand eine Weiterentwicklung möglicherweise zunichte, denn rational zählt nur der Sieg.

Erfolg ist für Hubert, wenn er innere Zufriedenheit verspürt, in jedem Moment Zufriedenheit empfindet. Wenn er für sich das Gefühl hat: Das passt. Noch lange bevor irgendwer eine Beurteilung von außen abgibt.

Ein Projekt, das ab einem gewissen Punkt für ihn nicht mehr passte, war der World Sports Award of the Century. Dafür holte Hubert 1999 über sechzig Jahrhundertsportler und -sportlerinnen auf die Bühne der Wiener Staatsoper, darunter Legenden wie Muhammad Ali, Carl Lewis, Mark Spitz oder Pelé. Ein hochemotionales Sportlertreffen, ein Get-together der Sportgrößen dieser Welt. Das Event wurde in die ganze Welt ausgestrahlt, jedoch nicht von allen Medien positiv gesehen.

Denn das Motiv war nicht die richtige Berichterstattung, sondern Verkaufszahlen für die Medien. Und dafür braucht man Schlagzeilen. Da die positive Seite des Events bereits in einem Medium abgehandelt war, wurden in anderen Medien negative Schlagzeilen produziert. Die TV-Einschaltquoten waren nicht so berauschend, da in Österreich unbekannte Stars eher keiner sehen wollte. Obwohl Wien, wie Hubert anmerkt, der richtige Ort für dieses Sportlerfest war, wurde das Event 2001 in der Londoner Royal Albert Hall mit der Auszeichnung der weltbesten Sportler und Sportlerinnen des Jahres 2000 fortgesetzt. Hubert wollte den Beweis antreten, „dass wir so super sind", spürte aber bereits, dass das Produkt nicht richtig war. Die aktuellen Sportler wie Tiger Woods oder Michael Schumacher hatten ihre Awards bereits gewonnen. Daher hätte eine nochmalige Auszeichnung nichts mehr gebracht. Ganz anders als der Oscar in Hollywood, der in Verbindung mit Aufmerksamkeit und damit Filmrollen und wirtschaftlichem Nutzen steht. Hubert bekam ein Kaufangebot von Daimler-Chrysler und verkaufte aus diesem Grund die Veranstaltung, obwohl Förderer und Gönner hinter Hubert standen. Hubert: „Ich sah keinen Sinn darin, die Veranstaltung mit diesem finanziellen Aufwand fortzusetzen, obwohl Red-Bull-Gründer Dietrich Mateschitz irrsinnig viel – auch emotional – dazu beigetragen hat. Heute ist mir bewusst, dass ich einen Menschen, der es mit mir gut meinte, vor den Kopf gestoßen habe. Rational, rein wirtschaftlich, war die Entscheidung, zu verkaufen, falsch, aber es war meine Entscheidung und die war emotional richtig."

Neupers Kerngeschäft seit über 20 Jahren ist eine Skischule und ein Skiverleih mit angeschlossener Gastronomie. Dieses Geschäft stellt die wirtschaftliche Basis –, wenn man so will – die „Pflicht" dar. Die Kür ist die Organisation des Skifliegens am Kulm. Ziel beim Kulm ist es, den Fans, die zur Veranstaltung kommen, das Gefühl mitzugeben, dass es richtig war, dabei gewesen zu sein. Der Motor zur Perfektion für das Kulm-Event ist Huberts Inspiration, nicht Geld. (Wobei Geld, auch viel Geld, als eine Folge gerne angenommen wird. Und wenn Hubert vom Richtigen überzeugt ist, dann setzt er alles daran, die nötigen finanziellen Mittel dafür aufzustellen. Als Betrachter und Besucher muss man einfach spüren, dass es stimmig ist.)

Das „Kulm-Prinzip“, umgelegt auf ein Unternehmen, würde bedeuten, dass Mitarbeiter genau wissen, was das Ziel ist und dann, wenn es darauf ankommt, nicht einfach einen Job erledigen, sondern bereit sind, ihre ganze Energie zur Erreichung dieses Zieles einzubringen. Wichtig ist, dass die Leute bis in die letzte Faser wissen, dass es richtig ist, was getan wird. Dass, egal welche Funktion der Einzelne ausübt, der geleistete Beitrag als gleichwertig wertgeschätzt wird, denn zum Erreichen des Ziels kommt es auf jeden Einzelnen an. Die Energie sollte nicht dazu verschwendet werden, den Arbeitsplatz zu verteidigen, den eigenen Bereich zu schützen, gegen andere zu mobben und Positionen zu verteidigen. Ehrlichkeit, Offenheit ist hier gefordert, die Kommunikation will auf eine tragfähige Basis gestellt sein. Damit sind gute Voraussetzungen für den Erfolg geschaffen, und diese Voraussetzungen müssen sorgsam gepflegt werden. Vergleichen wir es mit einer Pflanze, die gerade zu wachsen beginnt: Sie wächst auch nicht schneller, wenn jeden Tag an ihr gezogen wird. Düngen, gießen, jäten und stutzen sind hier die Mittel zum individuellen Wachstum. Wachstum kann nur mit viel Zuwendung gefördert, nicht jedoch erzwungen werden, eingebettet in einem größeren Ganzen.

Und im Großen spielt Spiritualität eine Rolle. Für Hubert ist Spiritualität „wichtig und sie erleichtert das Leben vor allem in Situationen, wo es nicht so gut läuft. Da macht man sich bewusst, dass es dazugehört und dass es nichts Tragisches ist, wenn es nicht immer läuft. Ich glaube an eine größere Kraft. Doch darauf muss jeder für sich eingehen, seinen eigenen Zugang und Umgang damit finden.“

Huberts Lebensprinzipien:

- Habe Freude an dem, was du tust.
- Arbeite, um den Verstand zu beruhigen.
- Sei ehrlich und bescheiden.
- Bewerte deinen Erfolg realistisch.

Gerhard Berger

Rennfahrer und Streetfighter

Gerhard wurde in einem Unternehmerumfeld rund ums Auto groß – sein Vater besaß eine große Spedition in Wörgl. Er wurde schon früh mit den Prinzipien von Kaufen – Verkaufen vertraut, immer mit der klaren Absicht, Gewinne zu erzielen, wenn's geht, möglichst hohe.

Im Motorsport zählt, so Gerhard, „nur die Leistung auf der Rennstrecke". Die Konzentration gilt dem Sport, dem Training, dem Finden von Sekundenbruchteilen.

Der Sport war vom ersten Tag an eine perfekte Ausbildung für die Wirtschaft. Denn Geschäft und Sport sind untrennbar miteinander verbunden. Die Motivationsfaktoren sind Spaß, Ehrgeiz, Wettbewerb, das Sichmessen mit anderen. Und mit dem sportlichen Erfolg braucht es auch das Geschick, diesen in Vertragsverhandlungen finanziell umsetzen zu können. Genau da war Gerhard, wie man zu wissen glaubt, sehr erfolgreich.

Die Basis für die persönliche Weiterentwicklung waren neben den Eltern der Sport und durch den Sport das frühe Inhalieren der Kulturen anderer Länder.

Die vielfältigen Eindrücke, das intensive Erfahren der Welt prägen natürlich die Persönlichkeit, wie es in der Form in einem kleinen Land nicht möglich gewesen wäre.

Und diese Erfahrungen bereichern das Leben nachhaltig auch nach und außerhalb des Sports. Gerhard hat nicht nur Disziplin und Ehrgeiz gelernt, sondern auch Fairness. Gerade im Motorsport wird nicht immer mit fairen Waffen gekämpft. Das Wissen darum, was hinter den Kulissen passiert, ist genauso wichtig wie der Kampf auf der Strecke. Ohne gesunden Egoismus und die Bereitschaft, nach diesen Regeln zu spielen, bist du im Motorsport hoffnungslos verloren.

Im Geschäftsleben ist, so Gerhard, „langfristig nur der erfolgreich, der faire Geschäfte macht, nicht auf 100 Hochzeiten tanzt, sondern sich auf die wesentlichen Dinge konzentriert. Ich stelle mir im Wirtschaftsleben immer folgende Fragen: Was macht Spaß? Wo kann ich Geld verdienen? Was passt zu mir? Wo fühle ich mich wohl?"

Gerhard hat im Sport gelernt, dass „der Schuster bei seinen Leisten bleiben soll", um sich nicht zu verzetteln.

Die Geschäftsbereiche, die Gerhard heute betreibt, sind ein Fahrzeugbau und eine Werkstätte. Transport und Logistik betreibt er gemeinsam mit dem Partner Red Bull, der 50 % Beteiligung hält. Die Situation für 2009 beschreibt Gerhard als „sehr schwierig, jedoch ist die Basis gesund". Außerdem handelt er mit Immobilien, Autos und Flugzeugen.

Im Winter geht es nach wie vor oft auf die Piste zum Skifahren, Freunde beschreiben den 50-Jährigen nach wie vor als „wilden Hund".

Die Formel 1 bewegt sich für Gerhard „immer weiter weg von den Rennautos, vom Sport an sich, wenngleich die Formel 1 ein sehr gutes Geschäft ist, das enorm in neue Infrastrukturen investiert, um möglichst viele Menschen mit dem Sport in Berührung zu bringen". Man kann Analogien zwischen der Entwicklung der Formel 1 und jener des Autoproduzenten Porsche erkennen: Porsche hat mit dem Kerngeschäft – dem Autobau – im Jahr 2008 weit weniger Geld verdient als mit Finanzspekulationen. Hier wie dort hat man sich immer weiter vom Kerngeschäft wegbewegt. Die Frage dabei ist: Soll man gratulieren oder die Entwicklung eher kritisch betrachten?

Gerhard: „Es kann ja sein, dass die Leute nur oberflächlich mit der Welt der Formel 1 mitleben wollen, dass soziale Netzwerke hier wichtiger sind als der Sport an sich. Der Kern des Motorsports ist und bleibt jedoch der Rennsport und der richtige Fan."

Das In-den-Hintergrund-Rücken des Sports ist auch bei anderen Events spürbar. So erzählt Gerhard vom Rennwochenende in Kitzbühel: Bei der Abfahrt hat er mit seiner Tochter die Mausefalle aus nächster Nähe erlebt, die Faszination hautnah gespürt, die Geschwindigkeit, den Kampf des Läufers mit der Piste. An der Strecke war wenig los, im Zielraum hingegen herrschte der große Wirbel. Denn hier wollen alle dabei sein, gesehen werden, nutzen die Plattform Sportevent für wirtschaftliche Vernetzungen.

Für Gerhard gibt es im Geschäft zwei Typen: „Die Streetfighter, die von der Straße kommen und mit Instinkt und viel Fleiß ihr Geschäft entwickeln. Und dann gibt es die Theoretiker, die sich ihr Wissen an einer Uni aneignen, das Geschäft in der Theorie perfekt beherrschen. Kombinationen der beiden Typen sind selten. Die Streetfighter bleiben oft im regionalen Bereich hängen, einige schaffen es, sich aus der Region zu lösen, und sind erfolgreich. Die Studierten kommen oft mit der Praxis nur schwer zurecht. Denn während der Streetfighter bereits den Vertrag unterschreibt, das Geschäft abgeschlossen hat, rechnet der Theoretiker noch, ob sich der Deal ausgeht."

Jene, so Gerhard, die Theorie mit praktischem Gespür in perfekter Symbiose verbinden könnten, seien die Topmanager der heutigen Zeit. Man könne das nicht lernen, genauso wenig, wie man Rennsport lernen könne. Reflexe, das richtige Auge zur Einschätzung der Situation, die Risikobereitschaft, die Kombination daraus, nur das könne man üben. Champions hätten die Eigenschaften, die es braucht, jedoch in die Wiege gelegt bekommen und die Talente perfekt zur Anwendung gebracht. Ihnen fällt leicht, was sich andere erkämpfen müssen, daher haben sie freie Kapazitäten, um das Limit noch weiter nach oben zu pushen.

Gerhard meint über sich: „Ich war ein Naturtalent, oft faul, inkonsequent. Wer ist erfolgreicher? Oft schlägt der Fleißige den Talentierten. Niki Lauda hat zum Beispiel mit konsequenter Zielverfolgung alles bis zum Letzten ausgereizt, ich hingegen habe mich nur auf mein Talent verlassen. Und dann gibt es die, die beides voll entwickeln, Talent und Zielstrebigkeit. In diese Kategorie fallen etwa Ayrton Senna oder Michael Schumacher."

Spiritualität war für Gerhard keine Methode zum Erfolg, das mochte er nicht, verdrängt, das war nie seines. Eher schon einen Espresso kurz vor dem Start, um auf Touren zu kommen. „Für mich war es immer wichtiger, eine gute Kondition zu haben, gesund zu sein und eine positive mentale Einstellung zu leben."

Sport und Wirtschaft greifen für Gerhard total ineinander. Ein erfolgreicher Sportler muss gut organisiert sein, braucht Kraft, den Überblick, eine gewisse Ordnung, eine gute Organisation. Die Aufgaben von Trainern, Physiotherapeuten oder Mechanikern gleichen denen eines Managers.

Management kann sich vom Sport einiges abschauen. Der wesentliche Teil dabei ist Disziplin. Berger: „Disziplin ist eine schwierige Geschichte. Man muss konsequent dranbleiben, man darf den Krempel nicht gleich hinschmeißen, wenn sich Probleme ergeben. Im Sport wie in der Wirtschaft braucht es **Commitment** zur Sache, die man macht. Wenn das fehlt, kann man es besser gleich bleiben lassen und sucht sich etwas Neues, etwas, das einem mehr entspricht."

Der Manager verfolgt, verbessert und trägt täglich die Prozesse im Unternehmen. Es ist jeden Tag eine neue Herausforderung, die Disziplin dafür aufzubringen. „Aber letztlich braucht der Sport Management. Und das Management braucht Sport."

Klaus Heidegger

Slalom-Stilist und Barfuß-Unternehmer

Hotelbetreiber war nicht die Lebenserfüllung für Klaus Heidegger. Wie viele seiner Skiweggefährten hatte auch er ein Hotel gebaut. Als das Ding in Axams schließlich fertig war, entdeckte er, dass Kaffee verkaufen für ihn nicht jene Herausforderung war, die zum Weitermachen motivierte und Erfüllung brachte.

„Das war nicht meins, ich habe mich nicht begeistern können. Denn meine Zeit ist wichtig und die konnte ich nicht mit Kaffeeverkaufen ‚verschwenden'. Als Einstieg ins Wirtschaftsleben war das Hotelexperiment gut, doch mir war bewusst: Ich muss da schleunigst wieder raus." Daher hat er das Hotel verkauft – und hier, vor mittlerweile 20 Jahren, beginnt die unglaubliche zweite Story des Slalomspezialisten, der als einer der feinsten Stilisten im Skizirkus galt. Geschmeidig, elegant, technisch einer der Besten seiner Zeit. Den Erlös des Hotels investierte Klaus in New York. Und zwar in eine Apotheke mit 13 Mitarbeitern, die er gemeinsam mit seiner Frau Jami von seinem Schwiegervater erwarb. Doch es war mehr als eine einfache Apotheke, denn der Schwiegervater hatte bereits einige Produkte und Produktformeln entwickelt, spezialisiert auf natürliche Kosmetikprodukte. Und genau da fand Klaus die Herausforderung – nämlich die Marke Kiehl's weiter auszubauen, zum Marktführer zu machen. Hier musste man sich durchbeißen, die gesamte Energie mobilisieren – ganz so wie damals im Ski-Weltcup. Denn, so Klaus in bestem US-Deutsch: „Wenn man anstößt und meint, es geht nicht mehr weiter, muss man sich immer wieder motivieren, challengen für den nächsten Schritt."

Eine weitere wichtige Erfahrung war für Klaus, das Team zusammenzuhalten und Mitarbeiter nicht zu verlieren: „Wenn man aus einem Teamsport kommt, dann ist die soziale Kompetenz schon zu einem gewissen Grad entwickelt. Für mich als Einzelsportler war es am Anfang sehr schwer, die Mitarbeiter auf den Weg mitzunehmen. Ich musste sehr darauf aufpassen, nicht zu viel allein zu machen. Beim Skifahren ist man zwar auch mit dem Team unterwegs, doch letztlich ist jeder auf sich alleine gestellt. Bei internen Qualifikationen wollte jeder gewinnen, um bei wichtigen Bewerben dabei zu sein. Jeder hätte das letzte Hemd gegeben, um besser zu sein als der andere. Und zwar ungeachtet dessen, ob wir Freunde waren oder nicht."

Im Beruf, so Klaus, ist es wichtig, ein „offenes Ohr zu haben für alle". Der CEO muss die richtigen Fachleute zusammenbringen und diese unter guten Bedingungen arbeiten lassen. Man muss akzeptieren und anerkennen können, dass es Bessere gibt. Diese Besseren muss der CEO unterstützen. Nicht immer leicht, diese Übung. Die Fähigkeit zum Zuhören hat Klaus einerseits vom Schwiegervater gelernt, aber auch im täglichen Umgang mit Kunden. Das Wichtigste ist jedoch, immer ein Ziel zu haben, zu wissen, wo man hinwill. Das ist jeden Tag ein Kampf. Wie im Training, wo der Sportler bestrebt ist, täglich das Beste aus sich herauszuholen. Fehler passieren, der Sportler ist gezwungen, täglich daraus zu lernen, mit dem Ziel, kontinuierlich besser zu werden, Bewegungsabläufe zu optimieren, das Gefühl für den Schnee, den Ski, den Schuh zu entwickeln. Sinne und Reflexe zu schärfen. Schritt für Schritt. Tag für Tag. Jahr für Jahr.

Nachdem die Heideggers die Firma übernommen hatten, begann der Aufbau der Produktion und des Vertriebes. Die Nische war gefunden, sie hieß „natürliche Kosmetik". Ein relativ straightes Produkt, bei dem Geld, Innovation und Knowhow im Produkt selber und nicht in der Verpackung steckte. Durch die gezielte Bearbeitung der großen, hochqualitativen Kaufhäuser wie zum Beispiel Saks wurde Kiehl's beständig bekannter und erfolgreicher. L'Oreal oder Estée Lauder klopften an und wollten die Marke Kiehl's kaufen. Doch Klaus und Jami hatten noch einiges vor und es hat uns, so Klaus, „richtig Spaß gemacht". Im Jahr 2000, mittlerweile mit den drei Kindern Nicoletta (eine begeisterte Springreiterin) und den Zwillingen Max (super unterwegs im Basketball) und Hannah (ebenfalls Springreiten), reifte der Entschluss, die Marke zu verkaufen. Vor allem, um mehr Zeit für die Familie, die Kinder zu haben, aber auch, um den Kindern den Unterschied zwischen Must (Schule) und Spaß und Sport näherzubringen. Zu diesem Zeitpunkt war aus dem kleinen Geschäft Kiehl's in Soho ein Imperium entstanden: 400 Mitarbeiter, über 1000 Läden, Promikunden aus Hollywood vom Kaliber einer Sharon Stone als begeisterte Anwenderinnen. L'Oreal zahlte einen dreistelligen Millionen-Dollar-Betrag, und Klaus war bereit für die nächste Herausforderung.

Aber nicht gleich.

Zunächst, nach dem Verkauf von Kiehl's, flatterten täglich mehrere Investitionsmöglichkeiten auf den Tisch, durchaus attraktiv, doch es war nichts Zwingendes dabei, nichts, wo der Bauch gesagt hätte: Das musst du machen. Eine Beteiligung an einem Gesundheitsgetränk war nicht erfolgreich. Zwar war die Begeisterung für das Produkt da, weil es Menschen helfen konnte, doch das war zu wenig. Klaus hatte nicht die volle Konzentration auf diese Firma gelenkt, da parallel dazu ein anderes Geschäftsfeld, das in sein Leben kam, Aufmerksamkeit brauchte.

Klaus: „Mir wurde klar, dass ich mich auf eine Sache konzentrieren musste und nicht auf zwei Hochzeiten tanzen konnte. Dieses eine Ding war MBT, die Schuhe mit der Massai-Barfuß-Technologie. Ich wollte zuerst nur Amerika machen. Doch es ist sehr schnell sehr gut angelaufen. Da war es dann nicht mehr weit zur Entscheidung, die ganze Firma zu kaufen."

Durch die dauernde Beschäftigung mit dem Produkt erkannte er dessen Potenzial. Klaus hatte zu dieser Zeit mit Rückenproblemen zu kämpfen, die durch das Tragen von MBT-Schuhen besser wurden. Und er spürte sehr klar, dass es hier ein Produkt gab, mit dem er sich identifizieren konnte. Denn, so Klaus, „ohne Identifikation mit dem Produkt kann man nicht erfolgreich sein. Ich kann keine Produkte verkaufen, hinter denen ich nicht zu 100 % stehe."

Diese Einstellung hatte er schon bei Kiehl's entwickelt: „Kiehl's war die erste Kosmetikmarke, die keine Tierversuche durchführte." Klaus ist sehr glücklich darüber, dass er jetzt mit MBT zum zweiten Mal die Chance hat, ein Produkt aufzubauen, an das er glauben kann. MBT verkauft heute circa zwei Millionen Paar Schuhe in 22 Ländern – und das im Hochpreissegment. In dieser Größe braucht es bereits gewaltige Strukturen. „Man kann nicht mehr so viel direkt bewegen. Vielmehr kommt es darauf an, bei den Mitarbeitern Begeisterung zu wecken und ihnen eine Richtung, Orientierung zu geben. Wenn jeder einzeln losrennt, ist das nicht gut. Das Problem vieler Menschen ist, dass sie sich selber und nicht die Firma profilieren wollen, dass sie sich nicht in Strukturen einfügen können."

Für Klaus ist ein gut funktionierendes Team enorm wichtig für den Erfolg. Ebenso Demut, denn „wir sind alle dazu da, um diese Welt besser zu machen, einen Beitrag zu leisten, zu fragen, was kann ich dazugeben? Heute nehmen viele nur und geben nichts. Mehr Verständnis für den anderen würde viele

Konflikte ersparen. Wir sind alle auf dieser Welt und jeder hat zu kämpfen, da muss man Respekt zeigen. Natürlich will man im Geschäft bleiben, doch mir war immer wichtig, niemanden auszunützen."

So freut sich Klaus mit seinen Mitarbeitern, wenn er zum Beispiel sieht, dass sie sich ein schönes Auto leisten können. Das gibt Zufriedenheit, denn es zeigt auch, dass das Unternehmen erfolgreich ist. Es geht primär nicht um Geld, wenngleich Geld zwar materielle Zufriedenheit und Sicherheit, jedoch kein Glück geben kann. Die wesentlichen Werte sind Vertrauen und Wertschätzung – und die gehen zunehmend verloren. Oft wird „nett" und „freundlich" mit „schwach" gleichgesetzt. Da muss man als Mensch, der nicht nur stur in eine Richtung schaut, gleich doppelt aufpassen, um nicht überfahren zu werden.

Doch wo liegen die Synergien in der Vorbereitung im Sport hin zur Wirtschaft? Im Vordergrund steht das systematische Planen, um sich besser vorbereiten zu können, mit einem Trainingsprogramm, das härter ist als der Wettkampf. Man muss die Systematik lernen und verinnerlichen, man muss verstehen, worum es geht und wie es geht. „Alles, was dann beim Rennen kommt, kann mir nicht wehtun, denn ich habe ja schon ein härteres Pensum, schwierigere Aufgaben geschafft. Die Antwort auf schwierige Situationen muss bereits vorher klar sein: Man muss vorbereitet sein, um im Moment, wo es darauf ankommt, keine Schwächen zu zeigen. Das gilt auch im Board des Unternehmens. Der Unterschied zum Sport liegt hier vor allem in der Diplomatie: In der Wirtschaft sind die Wege oft nicht so direkt wie im Sport. Entscheidend ist: Es muss hier wie dort Spaß machen."

Ein Grundprinzip aus dem Sport ist das Bestreben, stetig besser zu werden. Man lernt nie aus, man weiß nicht alles, man muss neugierig bleiben und – Fragen stellen: Es gibt keine dummen Fragen! Wichtig ist, offen zu sein, sich Informationen zu holen, geben zu lassen, zu verstehen und mit Hausverstand zu erspüren, was Sinn ergibt: ein Gefühl entwickeln. Und man muss sich akzeptieren, wie man ist. (Allerdings mit dem Anspruch und Willen, sich immer weiter zu verbessern.) Christian

Morgenstern nennt das „sich immer am Leben korrigieren". Man wächst an den Herausforderungen und mit dem Glauben an seine Fähigkeiten. Es nicht zu probieren, bedeutet, den ersten Schritt ins Neuland zu versäumen. Aus dem Tun heraus entfalten sich oft ungeahnte Talente, mit dem Erfolg stellt sich ein Gewinn an Vertrauen in die eigenen Fähigkeiten ein. Das Leben selbst korrigiert das Selbstbild jener Menschen, die an Erfahrungen reich sind und aus ihnen lernen.

Besser und besser werden, darum geht es. Und solange dieser Antrieb da ist, kann sich jeder Mensch weiterentwickeln und danach streben, ein gutes Leben zu leben.

Trotz aller Bemühungen gibt es Tage, wo nichts geht – in der Wirtschaft wie im Sport. In diesen Situationen braucht es Grundvertrauen in die bisher geleistete Arbeit, aber auch Besinnung auf Qualität statt Quantität und auf sein Gefühl. Klaus nennt hier Warren Buffet als Beispiel und meint, dass es viele sehr gute Leute mit vielen Zahlen gibt, doch Buffet hat ganz einfach ein ausgeprägtes Gefühl für größere Zusammenhänge.

Das „Bauchhirn" ist für Klaus Heidegger eine wichtige Entscheidungskompetenz. Wenn er nicht darauf hört, ist es oft ein Fehler. So war es auch eine Gefühlssache, Ende 2007 aus dem Aktienhandel auszusteigen. Kurz nach dem Ausstieg stiegen die Kurse munter weiter und zwangsläufig stellte sich Klaus die Frage, ob er einen Fehler gemacht hatte. Doch wie wir heute wissen, waren sowohl Entscheidung als auch Zeitpunkt optimal: „Trotz aller Berater, die viele Details oft besser wissen als man selber, muss man letztlich die Konsequenzen der Entscheidungen höchstselbst schultern. Was in der Wirtschaft Konsulenten oder Finanzberater sind, sind im Sport Trainer oder Materialmänner." Der Trainer kann den schwarzen Fleck der eigenen Wahrnehmung ausleuchten, kann Feedback geben über eigene Verhaltensmuster. Im Wettkampf jedoch muss jeder für sich entscheiden, wie viel Risiko er nehmen und wie weit ans Limit er gehen will. Diese Entscheidung ist nicht delegierbar. Klaus erinnert sich an seine aktive Skikarriere und vergleicht es mit dem zweiten Durchgang im Slalom:

Hinter einer Kuppe ist ein sehr selektives Tor, der Trainer gibt den Rat, weit auszuholen. Klaus: „Doch ich wusste, hier kann ich das Rennen entscheiden. Jeder andere hat ausgeholt, ich habe natürlich die Information vom Trainer mitgenommen, doch – wenn man so will – ‚antizyklisch' angewendet. Entgegen dem Verhaltensmuster der anderen bin ich extrem direkt in diese Passage, habe den Speed mitgenommen und habe genau an dieser Stelle das Rennen gewonnen. Wenn es allerdings schiefgegangen wäre, hätte ich natürlich genauso die Konsequenzen tragen müssen."

Neben systematischer Vorbereitung, hartem Training, Konsequenz und dem Anwenden erlernter Fähigkeiten spielt für Klaus vor allem die mentale Komponente eine wesentliche Rolle auf der Suche nach Erfolg: Wie reagiert man auf Stress? Die Schwierigkeit ist, das Körperliche und das Mentale zu vereinen. Im Training schnell zu sein, bedeutet nicht automatisch, Rennen gewinnen zu können. Gut zu sein beim Studium, heißt nicht zwangsläufig, das Wissen auch praktisch anwenden zu können.

Klaus hat damit seine Erfahrungen gemacht, denn er war trotz exzellenter Trainingsläufe beim Rennen oft mental blockiert, konnte die Trainingsperformance nicht für Rennsiege nutzen. Bis eines Tages die Erkenntnis auftauchte: „Du hast super trainiert und fährst Topzeiten. Du musst abschalten, aber dennoch mit Hirn fahren, mit Selbstvertrauen ins Rennen gehen, so tun, als ob es ein Trainingslauf wäre. Dann entwickelst du für dich das Gefühl."

Spiritualität, Religiosität spielt eine wichtige Rolle im Leben von Heidegger. Seiner Ansicht nach hat man „im Grunde eine 50:50-Chance: Man kann an Gott glauben – oder eben nicht. Man kann an die Geschichten, die in der Bibel erzählt werden, glauben – oder nicht. Entweder sind sie falsch – oder nicht. Aber es gibt die 50%-Chance, dass es so ist, dass man daran glauben kann. Jeder muss hier für sich die Entscheidung treffen, losgelöst von der Bewertung **richtig** oder **falsch.** Wenn man gute Sachen macht, glaub ich dran, dass man ein gutes Karma hat."

Für Klaus Heidegger sind die wichtigsten Lebensprinzipien:

- Glaub daran, es schaffen zu können.
- Preis nur mit Fleiß – ohne Training geht es nicht.
- Lerne, mit Erfolg wie auch Misserfolg umgehen zu können (mit Misserfolg vor allem).

Heinz Kinigadner

Motorrad-Legende und Stiftungsgründer

Die Leidenschaft für den Motocross-Sport muss bei den Kinigadners in der DNA zu finden sein. Wie sonst wäre es zu erklären, dass nicht nur Vater Johann, sondern auch die Brüder Heinz, Hans und Klaus sowie dessen Sohn Hannes diesen Sport gelebt haben.

Den gelernten Bäcker und Konditor Heinz und seine Brüder zog es hinaus in die Motocrosswelt, beseelt davon, Weltmeister zu werden. Heinz stand nach einigen Staatsmeistertiteln Ende der Siebziger/Anfang der Achtziger 1982 das erste Mal ganz oben in seiner Welt, der Welt des Motocross. Erster Sieg bei einem WM-Lauf in Italien auf einer privaten Yamaha, auf den 1984 und 1985 jeweils der Weltmeistertitel in der 250-ccm-Klasse folgte – nunmehr auf KTM. Die sportliche Weiterentwicklung führte Heinz in die 500er-Klasse, die ihn jedoch nie so begeistert hat: „Mit der 250er konntest du noch teilweise voll fahren, mit der 500er war das nicht möglich. Diese Motorräder musste man extrem präzise fahren, da sie sonst nicht beherrschbar waren." Seine Brüder belegten einige Top-Ten-Platzierungen bei WM-Läufen.

Anfang der Neunziger wechselte Heinz vom Motocross ins Lager der Rallyeveranstaltungen. Diese Rennen waren für Heinz anfangs mehr Abenteuer als Sport, jedoch sehr medienwirksam. Der Weg war von zahlreichen Stürzen und schweren Verletzungen gesäumt. Aufgeben war nicht im Programm, bis sich die Welt im Sommer 2003 schlagartig änderte: Sein Sohn

Hannes stürzte bei einem Wohltätigkeitsrennen schwer und blieb gelähmt. Hannes meistert, so Heinz, „trotz dieser extrem schweren Verletzung sein Leben unglaublich positiv und würde Resignation nie zulassen".

Da gibt es Parallelen zum Motocross. 40 Fahrer stehen am Start, alle annähernd mit gleichem Material, mit Können auf höchstem Niveau, jeder will an der Spitze in die erste Kurve. Dazu braucht es eine besondere Gabe, genau wie im Umgang mit der schweren Verletzung. Das Faktum Rollstuhl ist unausweichlich, daher muss aus diesem Faktum das Beste gemacht werden. Doch einfach so akzeptiert haben die Kinigadners das nicht, haben sich neue Ziele gesetzt, nämlich die Wiederherstellung der körperlichen Beweglichkeit. Dazu gründeten 2004 der Red-Bull-Eigentümer Dietrich Mateschitz und Heinz die Stiftung „Wings for Life", die es sich zum Ziel gesetzt hat, Rückenmarkverletzungen heilbar zu machen.

Die Motocrosskarriere von Heinz begann schon während der Konditorlehre, bei der die Arbeitszeiten dem Sport sehr entgegenkamen. Gebacken wurde von zehn am Abend bis sechs Uhr in der Früh. Am Vormittag wurde geschlafen, am Nachmittag trainiert. In Tirol war es nicht so einfach, Motocross zu fahren. Lange Winter und kaum Strecken machten das Training mühsam, es wurden oft Achterschleifen hinterm Haus gefahren, der Trainingsnachteil war eklatant. Und trotzdem geigten die Kinis bei den ersten Rennen vorne mit, was auf einiges an Naturtalent schließen ließ.

Die besagte Wiese hinterm Haus kenne ich auch. Ich kann mich noch gut an eine Veranstaltung beim Heinz erinnern, 1987 genau auf dieser Wiese. Heinz hat mir damals eine 500er-KTM in die Hand gedrückt (von der er heute sagt, dass die selbst für Weltmeister kaum zu beherrschen war) und gemeint: „Des darforscht scho!" Nach zehn Minuten Gewöhnung ans Gerät erfolgte der Start zum ersten Qualilauf, bei dem das Motorrad mit mir fuhr statt umgekehrt. Unglaubliche Gewalten wurden da frei, von mir – Zweiräder mit Muskelantrieb gewohnt – jedenfalls nicht beherrschbar. So fuhr ich kontrolliert über meine Verhältnisse, bis mich ein Sturz vom Bock riss und

Demut vor dieser Gewalt auf Rädern einkehrte. Kurz zuvor hatte mich noch Gerhard Zadrobilek in der Luft überholt – ohne Motorrad, wohlgemerkt! Damals dachte ich nur, wie unglaublich akrobatisch die Motocrosser ihre Geräte beherrschen.

Heinz sagt heute, dass für ihn die sportliche Karriere mit dem Ende der Motocrosslaufbahn zu Ende war. Die Rennen danach waren nur mehr Gaudi. 1988 beendete Heinz die Motocrosskarriere und eröffnete ein Fitnessstudio. Nach zwei Wochen stellte er sich die Frage, was er da eigentlich machte. Heinz: „Meine Frau Waltraud hat das Studio noch einige Zeit betrieben und dann verpachtet."

1989 kam ein Anruf vom italienischen KTM-Importeur, ob er denn nicht Lust hätte, eine Rallye in Peru zu bestreiten. Es gäbe zwar nichts zu verdienen, aber es sei ein schöner Urlaub. Heinz: „Nach 100 Kilometern hatte ich einen der brutalsten Abflüge meines Lebens. Es war schwer für mich als Motocrosser, der immer 110 % geben musste, um dabei zu sein, das Tempo für eine Rallye, bei der du maximal mit 80 % fahren sollst, zu dosieren. Ich war daher viel zu schnell unterwegs und habe mich in einer Kurve verschätzt. Weil meine Hinterbremse nach einem kleineren Sturz vorher schon nicht mehr funktionierte, war von vornherein klar, dass sich Bremsen nicht mehr ausgehen würde, und so versuchte ich, über den Graben zu springen. Ging sich aber auch nicht mehr aus. Ich bin 4 oder 5 Meter unterhalb der Straße in die Felswand geknallt. Durch den Aufprall katapultierte es mich auf die Straße hinauf. Erst beim Aufstehen hörte ich, wie das Motorrad am Boden der ca. 60 Meter tiefen Schlucht aufprallte." Heinz wäre fast nachgekugelt, weil seine Knie durch den Schock ausgelassen hatten. Das Thema Rallye war damit für einige Zeit erledigt, dafür folgten Starts bei der spanischen Raid- und Enduromeisterschaft.

Anfang 1989 kam der Konkurs der elterlichen Bäckerei, für die Heinz als Kreditbürge geradestand. Der Konkurs kostete das gesamte Familienvermögen. Die einzige Chance auf einen Neuanfang sah man auf Ibiza. Dort blieb das Haus, welches Heinz Mitte der 80er gekauft hatte. In dieser schwierigen Phase wurde bei Heinz zusätzlich Krebs diagnostiziert. Kini: „Wenn du eh schon

am Boden liegst, kommt noch der Hodentumor obendrein, mit einem Jahr Chemotherapie und allem, was dazugehört. Doch nach dieser überstandenen Phase bin ich wieder nach vorne marschiert und habe das Leben von einer anderen Seite kennengelernt, nämlich ohne Geld, aber mit der Möglichkeit, Motorrad fahren zu können. Und habe gesehen, dass es sich mit ganz wenig Geld, dafür aber mit der richtigen Einstellung auch gut leben lässt. Zu dieser Zeit habe ich öfter am Flughafen geschlafen. Diese Erfahrung war sehr hilfreich, auch die Erkenntnis, dass die Welt nicht untergeht, wenn man in die Enge kommt."

In der Phase des Konkurses las Heinz von einer jungen Welser Sanierungstruppe: die „Pleitegeier". Das waren Stefan Pierer, Martin Stossier und Markus Stauder, den Heinz schon vorher kennengelernt hatte. Diese Mannschaft half Heinz durch den Konkurs der Bäckerei, half, mit den Banken die Basis für einen Neuanfang zu schaffen. Heinz: „Da ich den Jungs nichts zahlen konnte, lud ich sie zum Urlaub in mein Haus auf Ibiza ein. Genau zu diesem Zeitpunkt rief mich der italienische KTM-Importeur an und teilte mir mit, dass es KTM in den nächsten drei Monaten nicht mehr geben würde. KTM war 1991 am Boden, Garantieleistungen konnten nicht mehr abgewickelt werden. Die großen Importeure schlossen sich zusammen und bezahlten nichts mehr an KTM. Ich diskutierte mit den Jungs, dass Mattighofen ja nicht weit von Wels ist … Noch zu Weihnachten 1991 bekamen wir den Zuschlag zur Übernahme von KTM."

An diesem Punkt begann die KTM-Erfolgsstory und die finanzielle Reinkarnation für Heinz, der beim Börsengang von KTM im Jahr 1999 einen Teil seiner Aktien verkaufte und heute wieder eine solide finanzielle Basis hat. Man hat bei KTM fast alles richtig gemacht. Ein wesentlicher Faktor dabei war die konsequente Designphilosophie des Salzburgers Gerald Kiska. Die Jahre von 1991 bis 2003 waren, so Heinz, „die schönsten meines Lebens nach dem Sport, auch wenn nicht immer alles 100 %ig gelaufen ist".

Heinz sieht sich jedoch nicht als Geschäftsmann, sondern vielmehr als Mensch, der in der glücklichen Lage ist, seinen

Traum leben zu können. Die KTM-Erfolgsstory ermöglicht ein gutes Leben, vor allem aber erlaubt sie, dass sich Heinz intensiv um seinen Sohn Hannes kümmern kann. „Ich bin kein profitorientierter Geschäftsmann, der das Geld zusammenhält und nur für die Zahlen lebt", meint Heinz, „aber wenn man seinen Traum lebt, dann kommt was Positives dabei heraus. Ich bin eher einer, der auf seinen Bauch hört. Bei KTM habe ich versucht, das reinzubringen, was mir wichtig war: die Freude am Motorradfahren. Wir haben in jedem Land bekannte Leute für die Idee hinter KTM gewonnen und Emotionen in die Marke gebracht. Das Motto war: Win on Sunday, sell on Monday!"

Der Erfolg von KTM basiert auch darauf, dass sich Menschen mit der Passion zum Motorrad gefunden hatten. Vor der Übernahme durch Pierer & Co. waren zwar auch sehr gute Techniker am Werk gewesen, doch die Führungsetage nach Firmengründer Erich Trunkenpolz war eher theoretisch geprägt, mit dem Mindset, dass das Motorrad nicht mehr zeitgemäß ist. Das Vakuum im europäischen Motorradmarkt wurde nach dem Aus für Puch oder Sachs nicht erkannt. Parallel dazu hatte KTM versucht, den Mountainbikeboom mit einer sehr zeitintensiven Produktion in Mattighofen zu nutzen, anstatt in Fernost produzieren zu lassen und sich auf den Vertrieb zu konzentrieren. Es wurden Massen an MTB-Komponenten auf Lager gelegt, doch die erste Welle des Mountainbikebooms ebbte gerade ab, als man produktionsbereit war. Dann brach noch ein Standbein weg: Die Kühlerproduktion funktionierte nicht und trug maßgeblich zum Untergang von KTM bei. Die Richtung vor dem Konkurs war, nur ja nicht auf die „Doktoren im Krankenhaus KTM" zu hören, denn die waren es ja, die den Betrieb in die Krise gemanagt hatten.

Das große Plus von KTM – und das ist der Verdienst von Herrn Trunkenpolz – war das einzigartige, weltweit funktionierende Vertriebsnetz. Und dieses Netz hatte eine Forderung: Baut uns Motorräder, die qualitativ hochwertig und haltbar sind!

Heinz: „Für mich war eines klar: Wenn wir es schaffen, das Motorrad standfest zu machen, dann sind wir ganz vorne dabei.

Nach der Übernahme hatten wir eine Minimannschaft, daher war auch jeder in alles involviert und jeder hat seinen Teil beigetragen. Finanziell war der Neustart perfekt durchgeplant. Dazu kam, dass einige Menschen in Mattighofen extreme Kraft zeigten, alles dafür taten, den Standort Mattighofen zu erhalten."

Die erste Rallye Dakar auf KTM wurde mit extrem wenig Budget bestritten. Doch man hatte Spaß und erntete Anerkennung bei der Konkurrenz. KTM wurde wieder wahrgenommen. Mit dem Einzylindermotor schien es nicht realistisch, gegen die damals etablierte Konkurrenz in der 1000-ccm-Liga zu gewinnen. Doch die Idee war, dass es sehr viele Motorradfahrer gab, die die Dakar als Abenteuer bestreiten wollten. Das war mit den 300 Kilo schweren Geräten mit wenig Federweg nicht möglich. Heinz: „Wenn du mit diesen Geräten stürzt, kannst du sie alleine nicht mehr aufstellen; und wenn du eine 20 cm hohe Kante übersiehst, gibt es einen Crash ähnlich einer Explosion. Ich habe die Chance gesehen, ein leichtes, wendiges Motorrad mit super Federweg und ca. 150 km/h Topspeed zu etablieren, das dazu noch leistbar war. Bei meinen ersten vier Starts haben die Geräte noch nicht gehalten, da ich mit meinen 90 Kilo dazu noch sehr schnell gefahren bin. Doch nach unserem ersten Start 1994 wurden wir bereits 1996 als Favoriten gehandelt. Ich bin die Dakar eigentlich nur gefahren, um das Produkt zu entwickeln, gut zu präsentieren und neue Märkte zu erschließen."

Doch das war erst der Anfang: „Heute fahren circa 80 % der Dakar-Teilnehmer mit KTM. Schon vom ersten Antreten an war klar, dass die Teilnehmer in ihren Heimatländern die Helden sind, Protagonisten des letzten großen Abenteuers, wochenlang in den heimischen Medien präsent. Daneben wurden dank unserer Intervention die Rahmenbedingungen für einen Start geändert. Früher musste jeder Teilnehmer einen Ersatzteiltruck haben, um die Dakar bewältigen zu können. Damit war die erfolgreiche Teilnahme finanziell betuchten vorbehalten. KTM bot als erster Hersteller ein Service Package, das jeder KTM-Starter zu leistbaren Bedingungen nutzen kann. Wenn jemand einen Motor oder egal welches Teil braucht, kann er den beim KTM-Truck in jedem Biwak haben – die Kommissäre geben den Stempel drauf und go! Abgerechnet wird das Material dann über die Importeure zum normalen Ersatzteilpreis. All diese Bausteine waren ein großer Teil zum Gesamterfolg, der Rallyesport der Imagebringer für den Normalverbraucher."

Heinz: „Wenn man die Fotos der Rallye sieht, dann bekommt man absolut Lust, auch einmal dorthinzufahren."

Konfrontiert mit tödlichen Unfällen auf KTM-Sportgeräten kam auch hie und da der Gedanke des Ausstiegs. Konsequent weitergedacht würde das bedeuten, mit der Produktion von Motorrädern aufzuhören, was natürlich kein denkbares Szenario ist. Da ein großer Teil der Teilnehmer bei den Rallyes auf KTM unterwegs ist und Heinz als Teilnehmer wusste, worum es geht, war die Konsequenz, auf den Veranstalter einzuwirken und den Sport durch Reglementänderungen sicherer zu machen. Durch kürzere Etappen zum Beispiel, damit die Benzinmenge geringer ist. Denn alle tödlichen Unfälle sind unmittelbar nach Tankstopps passiert. Damals wurden ca. 60 Liter, die das Fahrverhalten des Motorrades massiv beeinflussten, nachgefüllt. Heute sind es 40 Liter. Eine Reduktion der GPS-Funktionalität wurde ebenso auf Heinz' Anregung hin initiiert. Bei den geeichten GPS-Geräten sind nur mehr die Kontrollpunkte einprogrammiert, der Weg muss wieder selber gesucht werden. Durch die GPS-Navigation wurde es extrem schwierig, selbst geringe Rückstände aufzuholen, denn jeder blieb auf der richtigen Route. Und damit gingen die Fahrer höhere Risiken ein. Heinz: „Früher gab es Karten und Kompass, eine halbe Stunde Rückstand war kein Problem. Im Laufe der Rallye hat sich jeder irgendwann verfahren. So wie ich bei meiner ersten Paris-Kapstadt: Da war Navigation noch eine echte Herausforderung, ein richtiges Abenteuer. Wenn du dich verfahren hattest, musstest du immer aufpassen, dass dir das Benzin nicht ausgeht. Der Sport musste redimensioniert werden, nämlich so, dass nicht das Geld über Sieg oder Niederlage entscheidet."

Viele Ideen und Entscheidungen sind bei Heinz von Emotionen geleitet, dirigiert vom Bauchgefühl. Wie zum Beispiel das Moto-GP-Abenteuer, das eine gute Lernerfahrung darstellt, aber auch die Erkenntnis brachte, dass die Luft im Moto-GP sehr dünn wird. Um dort erfolgreich zu sein, braucht es richtig viel Geld, präzise gesprochen mindestens 15 Millionen Euro. Deshalb war die Entscheidung richtig, sich nur auf die kleinen Klassen zu konzentrieren, die einen Bruchteil des Moto-GP-Budgets ausmachen. Der gesamte Straßenauftritt bringt hauptsächlich Image; im Gegensatz dazu bringt der Rallyesport direkte Verkäufe.

Die große Zukunftsvision ist „Wings for Life". Doch Heinz, der als Sportler in Sekunden rechnete, lernt in der Forschung in Jahren zu denken. Aber es gibt Parallelen zwischen Sport und Forschung. Die Herangehensweise in der Entwicklung kann als Beispiel genommen werden. Wie bei KTM Menschen mit Gefühl für die Sache einfach probiert haben und aus dem Probieren seriennahe Produkte entstanden sind. Bei anderen Projekten hingegen wurde die Projektentwicklung wissenschaftlich aufgezogen, mit dem Ergebnis, dass ohne gravierende Produktvorteile die dreifache Zeit und das fünffache Geld benötigt wurden. Und genau das, sagt Heinz, ist der springende Punkt in der Forschung. Die wissenschaftlichen Anforderungen sind unglaublich: „Wenn ein Medikament seit 10 Jahren am Markt ist, alle Nebenwirkungen bekannt sind, aber auch, dass dieses Medikament Nervenzellen zum Wachstum anregt, dann ist es schwer einzusehen, warum es nicht probiert werden kann, nur weil es keine dokumentierten Studien dazu gibt. Die Wissenschaft stuft solche Experimente ohne dokumentierte, zeitaufwändige und sehr teure Studien als nicht seriös ein; das Gleiche bekam ich oft von den Technikern zu hören. Die Doktoren und Ingenieure haben immer gemeint, man kann doch die Teile nicht einfach probieren. Doch wenn das Teil beim Testen die Funktion und Haltbarkeit erfüllt, dann ist man bereits sehr nahe an der Serie. Auf der anderen Seite werden Millionen in Planung verbraten, und man weiß nichts, denn man hat nur theoretisches Wissen. Als betroffener Vater ist es schwer, mit diesem Zeithorizont konfrontiert zu werden. Und man muss aufpassen, dass man den Fokus nicht verliert, um in die richtigen Maßnahmen zu investieren."

Das Ziel von „Wings for Life" ist es, verletztes Rückenmark reparieren zu können. Es ist nicht im primären Interesse, die Situation von Querschnittverletzten durch Entwicklung verschiedener Geräte zu vereinfachen. Dazu bräuchte „Wings for Life" ein Vielfaches des verfügbaren Budgets und man verlöre den Fokus.

Der größte Wunsch jedes Betroffenen ist am Anfang, wieder gehen zu können, doch nach einiger Zeit wünschen sich die meisten, den Körper wieder zu spüren, zu spüren, wann man auf die Toilette muss, zu spüren, wann durch Druckstellen das Gewebe abzusterben beginnt und offene, schlecht heilende Wunden verursacht. Die Medizin hat enorm viel geleistet, die Überlebensrate ist hoch. Die durchschnittliche Lebenserwartung der Betroffenen liegt bei rund 60 Jahren. Rechnet man noch die Kosten für die Pflege der Betroffenen ein, wird klar, dass eine Therapie auch volkswirtschaftlich enorme positive Auswirkungen hätte, einmal abgesehen von der Impulswirkung auf die Gesellschaft, die von der Heilung einer scheinbar unheilbaren Verletzung ausginge. Heinz: „Wir wollen und werden diesen einen unterbrochenen Zentimeter Nerven heilen."

Seinem Sohn Hannes hat er versprochen, eines Tages mit ihm gemeinsam wieder Motorrad fahren zu gehen. Bis dahin bleiben die KTMs in seiner Garage unberührt.

Christoph Sieber

Windsurf-Olympiasieger und Mentalcoach

Vier Jahre lang nur ein Ziel im Kopf: Olympiasieger werden! Christoph Sieber sitzt heute entspannt in seinem Sessel und beschreibt seinen Weg dorthin. Mit allen Irrungen, Flauten, Stürmen und Wellen, mit erlebtem Flow. Davon, wie er vom Surfen beseelt wurde, tief drinnen. Durch einen einzigen Moment. Dieser Moment berührte Seele und Herz. So, dass es keine andere Möglichkeit mehr gab, als den Sport zu leben. Mit ganzem Herzen, gegen Konventionen und Erwartungen. Als wir uns spontan trafen, begann Christoph gleich, seinen Weg zu beschreiben. Authentisch, mitreißend – als ob er die vergangenen Jahre noch einmal erleben würde.

Christoph ist im oberösterreichischen Stadl-Paura als Jüngster von drei Brüdern aufgewachsen. Der Vater war Sportler, die Mutter Musikerin. Die Söhne wurden schon früh mit Herausforderungen konfrontiert. Grundgedanke der Eltern: „Die Kinder sollen beschäftigt sein, dann kommen sie nicht auf blöde Gedanken." Damit wurde ihnen sehr viel ermöglicht: Skirennen, Tennis, andere Sportarten. Christoph konnte alles probieren. Das größte Problem war immer, etwas abzubrechen. Dabei hatte es immer geheißen: „Wenn du was machst, dann mach es gscheit!"

Zuerst führte der Weg hin zur klassischen Musik, in die Christoph immer weiter hineinwuchs. Er besuchte die Musikschule in Linz und erlernte das Violoncello. Nebenbei begann er mit dem Windsurfen. Das war der Moment, der alles änderte: „Ich bin zum ersten Mal ins Gleiten gekommen, alles rund um mich hat gerauscht und geglitzert, es war leicht und schnell und es ging einfach dahin. Genau diese Submodalitäten haben mich geprägt, das war das Gefühl, auf das ich gewartet hatte."

In weiterer Folge stürzte sich Christoph voll ins Windsurfen. Immer öfter ergab sich die fast groteske Situation, dass er am Wochenende Regatten gefahren war, offene Schwielen an den Händen hatte und dann am Sonntagabend im Orchestergraben das Violoncello würgen musste. Das ging, wie man sich vorstellen kann, nicht lange gut. Die Feinmotorik war beeinträchtigt, bei Kälte fühlten sich die Hände etwas taub an. 1984, Christoph war damals 13, sah er, dass ein Österreicher – nämlich Björn Eybl – als Achter beim Windsurfen bei den Olympischen Spielen in Los Angeles unter die Top Ten kommen konnte. Einen bleibenden Eindruck hinterließ auch die Eröffnungsfeier: Raketen flogen und 99 Flügel spielten Gershwin. Die Erinnerung an diese Eröffnungsfeier prägte sich tief ein, und damit der Gedanke: „Warum kannst nicht auch du Teil dieses Sportfestes sein?!"

Selbstreflexion: „Will ich ein durchschnittlicher Orchestermusiker sein oder die Strände der Welt bereisen?" Christoph entschied sich nach reiflicher Überlegung für das Windsurfen und gegen die Musik. Konsequenterweise brach er die Musikausbildung in Linz ab. Wie bei Entscheidungen gegen die Vernunft meist üblich, meinten alle, Christoph sei verrückt. So auch die Eltern. Doch es lag so viel Kraft in dieser Entscheidung, und diese Kraft gab Sicherheit. Die nächste Station war das Schulsportmodell im Leistungssportgymnasium Salzburg von Roland Werthner. Das Trainingsumfeld war optimal. Das Ziel: an den Olympischen Spielen teilzunehmen.

1992 gewann Christoph eher überraschend die Ausscheidung gegen Thomas Wallner. Da nur ein Starter pro Nation und Segelklasse zugelassen war, machte sich Christoph, jung, unbedarft und glücklich, auf nach Barcelona, zum unbeschreiblichen Erlebnis inmitten von Menschen aus der ganzen Welt. Menschen aller Größen, Farben, Schattierungen – ein überwältigender Eindruck. Das tolle Ergebnis im Wettkampf – Rang fünf – war zugleich Bestätigung und Herausforderung: „Wenn du Fünfter werden kannst, dann geht mehr, sogar eine Medaille." Mit dieser Überzeugung fiel die Entscheidung gegen das Studium aus, natürlich wieder gegen den Willen der Eltern. Doch es war klar: „Ich geh windsurfen und will eine Medaille machen!"

Die Entscheidung war natürlich von Zielorientierung und einem gewissen Maß an Dickköpfigkeit geprägt, aber selbstverständlich kultivierte Christoph auch jenen Lebensstil, den man gemeinhin mit Surfen assoziiert: Freiheit, Sonne, keine Schule, Südpazifik, ein Leben vom Meer und von der Liebe in Fidji. Viel Surfen, Platz drei bei der Europameisterschaft, die Form hin zu den Olympischen Spielen gesteigert – und trotzdem: Zwei Mal schaffte er die Qualifikation für die Spiele um einen Platz nicht. Der Fokus war nicht optimal, es war zu viel „laissez-faire" dabei. Es war die größte Enttäuschung in Christophs Leben. Das ÖOC verweigerte die erhoffte Ausnahme, damit schlüpfte Christoph kurz in die Opferrolle. Über ein Jahrzehnt Vorbereitung, und dann doch nicht qualifiziert. Bitter.

Diese Enttäuschung führte ihn in die Klausur am Neusiedlersee, zwei Wochen alleine in einer Hütte. Er sprach mit niemandem, außer mit den Gelsen, jeden Tag war Surfen angesagt, oft um fünf Uhr in der Früh. In der Stille passierte dann etwas Gewaltiges: „Hallo, was für eine enorme Kraft liegt in der Ruhe! Hier traf ich die Entscheidung, weiterzumachen. Eine Olympiade lang alles zu versuchen, was geht. Jetzt erst recht! Das Ziel war eine Medaille. Folglich musste auch die Vorbereitung einer Medaille würdig sein. Ich versprach mir selbst, rauszuholen, was ich maximal rausholen konnte, und meine eigene Leistungsfähigkeit voll zu entfalten." Erst später erfuhr Christoph, dass das so ziemlich das Ärgste war, was man sich vornehmen konnte.

Mit dem damaligen Trainer Peter Krimbacher analysierte er Stärken und Schwächen. Die Schwächen lagen eindeutig im konditionellen Bereich. Um diese Schwächen auszumerzen, traf Christoph die Entscheidung, das Training im Olympiastützpunkt Obertauern um Heinrich Bergmüller und Bernd Pansold anzugehen. Erste Diagnose: „Du bist so fit wie ein Blumentopf!" Das war genau der richtige Ruck. Da man die Taktik nie in Perfektion meistern kann, besteht die Herausforderung darin, es wenigstens möglichst gut zu machen, weniger Fehler als die anderen zu produzieren. Vorteile konnte man sich erarbeiten, indem man den Fokus auf die Kondition legte, da kraftraubendes „Pumpen" mit dem Segel erlaubt war und sich das Surfen hin zu einem Kraft/Ausdauer-Hochleistungssport entwickelte. Surfer wurden zu „Pumpmaschinen", der Sport kombinierte Kraft- und Ausdauerelemente mit Renntaktik – eine sehr komplexe Geschichte.

Den Vertrag im Olympiastützpunkt unterschrieb er ohne eine Ahnung, wie er das bezahlen würde können. Christoph begann dann an der Seite von Hermann Meier und Michael Walchhofer zu trainieren; viele, viele Stunden am Ergometer, unter permanenter sportmedizinischer Überwachung, damit das Maximum aus dem Training herausgeholt werden konnte. Atypisch lange Perioden musste er fernab des Wassers trainieren. Gegen alle Widerstände, auch jene des Verbandes, wurde Körpertraining konsequent zu Lasten des Surfens forciert. Endlich fand Sieber auch die finanzielle Unterstützung in Form von Hubert Neuper, dem damaligen Sporthilfechef. Er glaubte an Christophs Weg, an seine Trainingskonsequenz, an die Möglichkeit eines Olympiasieges. Aus Geldknappheit schlief Christoph auch im Winter im Campingbus, selbst bei Minusgraden: „Das war eine Abhärtung! Nach zwei Monaten im Schneeregen in Obertauern waren 14 Grad in Westfrankreich einfach herrlich. Freiheit, Wärme, Meer! Die anderen haben gezittert vor Kälte."

Neben der physischen Komponente war Christoph schon bei der Entscheidung für diesen Plan klar, dass die mentale Stärke eine wesentliche Rolle spielte. Daher begann er auch an der mentalen Komponente zu arbeiten. Mit moderner Sportpsychologie konnte Christoph nichts anfangen, doch asiatische Weisheiten interessierten ihn sehr. Yoga, Meditation, Visualisierungen, Techniken, um Gedanken und Emotionen steuern zu können. Je näher die Spiele 2000 kamen, desto weiter in den Hintergrund rückte das körperliche Training. Er trainierte nur mehr erhaltend, nicht mehr aufbauend. Im Gegenzug steigerte er die Arbeit im mentalen Bereich. Doch Christoph spürte, dass noch etwas fehlte. Er ahnte, dass in der Ruhe, der Stille, in der Meditation die wahre Kraft liegt. Der Weg führte zum Buddhismus, genauer gesagt zum „extrem ehrlichen, minimalistischen" Mönch Bhante Seelawansa, einem Vertreter des Theravada-Buddhismus. Christoph besuchte ein intensives Schweigeseminar, erlernte die Technik des Loslassens, lernte, den Geist völlig zu leeren – und schlitterte danach prompt in eine tiefe Depression. Er fühlte sich mies, antriebslos und hatte kaum die Kraft, vor der Abreise zum Zwischenstopp nach Los Angeles das Material zu packen. Und das zwei Monate vor den Spielen in Sydney!

In LA war vorerst zwei Wochen feiern angesagt, was wohl das Beste nach vier Jahren hartem Training war. Und es hat – wenn wohl eher zufällig – funktioniert. Auf dem Weg von LA nach Sydney ging es mit Christoph emotional unheimlich bergauf, wie Phönix aus der Asche, mit dem Höhepunkt genau bei den Wettkämpfen. Christoph: „Die anderen waren bis zu fünf Stunden auf dem Wasser, ich habe in dieser Zeit kaum trainiert. Ich bin nur kurz rausgefahren, war zehn Minuten am Wasser, das wars. Ich habe durch die Leere im Kopf einfach aus der Intuition und Emotion heraus entschieden, was für mich das Beste ist." Wichtig war zu meditieren, keinen Druck aufzubauen, das Dabeisein beim größten Fest der Welt als Geschenk zu betrachten, egal wie es ausging: genießen und lachend nach Hause fahren.

Christoph war zwei Wochen wie in Trance, in einem extremen Flowzustand, in dem Bewusstsein, dass nichts schiefgehen konnte. Und wenn etwas schiefging, dann stellte sich heraus, dass es einen Sinn hatte.

Das führte weiter zum **Sein:** „Finde heraus, was du willst, was du bist, was für Sehnsüchte und Wünsche du hast. Hör auf zu leben, was die anderen, deine Eltern von dir erwarten, dir diktiert haben. Wenn du in der Lage bist, deine Sehnsüchte und Wünsche zu akzeptieren und zu leben, werden dich auch andere akzeptieren. Das ist kein leichter Weg. Denn auch der Geist muss trainiert werden. Er kann genauso trainiert werden wie der Körper, wenn nicht mehr."

Die Bausteine zum Erfolg sind einerseits die akribische, intensive Vorbereitung, ein gutes Maß an Besessenheit und vor allem die mentale Vorbereitung.

Die Basis für all das ist die Ausbildung der Konzentrationsfähigkeit, aber auch der Achtsamkeit – beides gehört zusammen.

Bei der Achtsamkeit geht es darum, zu erfassen, was in mir und um mich herum passiert – das muss ich üben, jeden Tag!

Ebenso die Konzentration zu schärfen, sich auf einen Punkt konzentrieren zu können, nicht Opfer seiner Gefühle und Gedanken zu sein, sondern Kontrolle darüber zu erlangen: Das ist der Schlüssel. Yogi kurz vor der Erleuchtung üben sich den ganzen Tag in Achtsamkeit und dirigieren ihren Fokus dorthin, gleich dem Meditationsschüler, wenn auch nur für wenige Minuten.

Die heutige Gesellschaft hat leider verlernt, sich in Achtsamkeit zu üben. Christoph: „Man hört nur mehr Burn-out, Burn-out, Burn-out rundherum. Burn-out ist nichts anderes als permanent im Geist hängen zu bleiben, im Ärger um die Vergangenheit. Und wenn du in der Angst und Furcht vor der Zukunft lebst, dann bleibt im Kopf kein Platz mehr, dich auf die eigentliche Aufgabe zu konzentrieren. Und wenn dieser Fokus gelöst wird, dann bleibt nichts, worüber man sich ärgern müsste."

Fokussieren erleichtert den Eingang in den Flowzustand, den Zustand, in dem Zeit und Raum verschmelzen. Zum Beispiel beim Laufen: Zuerst drehen sich Gedanken im Kopf, dann beginnt man, sich auf den Schritt und die Atmung zu konzentrieren. Der Flow kommt erst dann, wenn man auch diesen Fokus loslässt. Für Christoph stellt sich Erfolg dann ein, wenn es gelingt, den vermeintlichen Widerspruch zwischen Zielstrebigkeit und gleichzeitigem Loslassen aufzulösen. Und genau das ist ihm bei der Vorbereitung zu den Olympischen Spielen gelungen und hat ihn zur Goldmedaille geführt.

Das Erreichen des großen Ziels wird praktisch immer durch verkrampftes Wollen verhindert. Du brauchst dein Ego und deinen Willen im Training, aber im Wettkampf musst du in der Lage sein zu sagen: „Die Hausaufgaben sind erledigt, jetzt beginnt der Urlaub. Die Herausforderung muss Urlaub sein im Vergleich zum Training. Und das kommt nicht von irgendwoher, du musst es üben, immer und immer wieder. Aristoteles hat gesagt, Exzellenz ist keine Tat, sondern Übung. Nur das, was wir wiederholt tun, macht uns exzellent. Genies sind Meister, die üben! Die Macht der Gewohnheit ist die stärkste Macht und die kann für oder gegen einen selbst genutzt werden. Gewohnheiten zu verändern, ist das Schwierigste überhaupt; andererseits, wenn du Neues in dein Leben bringen willst, wird es durch Übung zur Gewohnheit und ist dann keine Last mehr, im Gegenteil: Das Geübte kann virtuos angewendet werden, losgelassen." Christoph macht seit vielen Jahren keine Fehler mehr, er sammelt Erfahrungen.

Wie könnte ein Unternehmen von diesen Erkenntnissen profitieren? Christoph Sieber: „Ich bin eigentlich ganz wenig

Weltverbesserer und es ist mir egal, ob ich die wirtschaftlichen Prozesse genau verstehe oder nicht. Es ist schwer, den Mitarbeitern einer Firma zu erklären, wie man ein großes Ziel definiert, es evaluiert, zuschneidet nach den klassischen Zielformulierungsprozessen, da sie ja ohnehin immer wieder vom Chef neue Ziele vorgesetzt bekommen. Es wird in eine Richtung gearbeitet, dann kommt schon wieder die nächste Umstrukturierung, alles wird anders. Selten wird Sinn in der Tätigkeit gesehen. Es wird des Geldes wegen oder der Karriere zuliebe gearbeitet."

Der Zugang von Christoph ist extrem spannend und basiert auf konkretem mentalem Training. „Der Körper ist in der Wirtschaft nicht so entscheidend wie im Sport. Was bleibt, ist der Geist. Gerade in Bereichen, wo der Körper keine so entscheidende Rolle spielt, ist der Geist umso wichtiger. Aber er wird völlig vernachlässigt. Man wird in unserer Gesellschaft nur gebildet, mit Inhalten vollgepumpt, während der Schule und das ganze Studium lang, aber keiner bringt dir jemals bei, wie du das wirklich umsetzt, aus dir rausholen kannst, was drinnen ist. Man lernt das **Tun** nicht."

Intuition ist nichts anderes als eine Entscheidungsfindung auf einer tieferen Ebene, dem Unterbewusstsein. Wenn das Kopfdenken, das, wo gelernte Inhalte drinnen sind, faustgroß ist, ist dagegen das Unterbewusstsein ein riesengroßer Sack. Durch den klaren, vom Gedankenmüll befreiten Geist ist der Kanal frei, sodass sich das Unterbewusstsein mit entscheidungsfindenden Gedanken wirklich manifestieren kann. Christoph: „Wenn der Frühstückstisch mit allem der letzten zwei Tage vollgeräumt ist, wirst du nichts drauf finden. Wenn er komplett leer ist und du legst eine Sache drauf, wird sie herausstrahlen, herausscheinen. Genauso ist es mit dem Geist." Wenn eine Vision aus dem reinen Geist kommt, wird diese unheimlich machtvoll. Deepak Chopra schreibt in seinem Buch „Feuer im Herzen – eine spirituelle Reise": „Deine Seele weiß, wann deine Zeit kommt, und sie führt dich Schritt um Schritt … Jeder kleine Atemzug, den du machst, hat seine Zeit, und das gilt auch für die großen Ereignisse in deinem Leben. Deine Seele kennt das Ende der Reise, aber sie verwandelt jeden Schritt auf dem Weg in ein Geschenk. In jedem Leben gibt es große Ereignisse, jeder Schritt, den du mit deiner Seele machst, ist ein großes Ereignis, weil durch dich das Leben an sich, bis in die weiteste Galaxie, einen neuen Ausdruck findet. Dein nächster Gedanke ist so groß wie die Geburt eines Sterns."

Jeder Mensch durchlebt überraschende Phasen, die er nie und nimmer erwartet hätte. Das kommt aus der Seele, jenem Ort, an dem die Zukunft ihre größten Überraschungen versteckt. Die Seele weiß, so Deepak Chopra, genauso viel von deinem Geist und deinem Herzen wie deine DNA von deinem Körper. Er führt weiter aus, dass die Seele alles in ihrem geheimen Gewölbe speichert, jeden einzelnen Wunsch, der sich in dir regt. Der Mensch ist jedoch keine Puppe, sondern kann Entscheidungen treffen, Tausende pro Tag; der Mensch kann sich entscheiden, die mächtigste Kraftquelle im Universum anzuzapfen – **Liebe** als kosmische Kraft. Genau darauf warte die Seele. Liebe sei mehr als ein Gefühl und habe die Macht, Veränderungen zu bewirken: Menschen wollen geheilt werden, damit ist der Körper als auch der Geist gemeint, denn das Leben verletzt auf beiden Ebenen, sie wollen sich sicher fühlen, ohne Angst leben, Raum haben, um sich freier zu fühlen und um erstickende Gefühle loszuwerden, und sie wollen sich zu großen und wundersamen Taten inspirieren lassen.

Christoph analysiert nicht, was falsch läuft in der Welt, der Gesellschaft, der Wirtschaft. Die gegebenen Umstände sind die Plattform, eine dargebotene Möglichkeit, sich selbst weiterzuentwickeln, mit dem erfolgreich und glücklich zu sein, was im Moment da ist. Er zeigt, wie das geht. Das ist die Kernbotschaft, die in Seminaren kommuniziert wird. Denn es gibt immer ein übergeordnetes Ziel, für die persönliche Weiterentwicklung kann alles fordernd sein, selbst eine stupide Tätigkeit kann einen weiterbringen. Wenn dich einer etwa ärgert, dann ist er eine Hilfe für deine Weiterentwicklung, weil dein Ärger darüber eine Schwäche von dir aufzeigt. Egal wie sehr irgendetwas nervt, es ist eine großartige Gelegenheit, stärker zu werden. Krisen fordern einen auf, etwas zu tun – das bringt einen weiter.

Ärger schwächt und verstellt die Sicht auf mögliche Weiterentwicklungspotenziale – wenn du einem zornigen Menschen Nektar gibst, wird er ihn in Gift verwandeln. Wenn du einem erleuchteten Menschen Gift verabreichst, wird er es in Nektar verwandeln.

Das Rüstzeug heißt Fokus, Konzentration, Achtsamkeit, Visualisierung, Kontrolle über die eigenen Gedanken und Emotionen. Das ist der Mix, aus dem Goldmedaillen entstehen. Diese Kombination hat sich bei Christoph im Hochleistungssport bewährt und kann als Blaupause für die Wirtschaft herangezogen werden. Im Prinzip wirken die gleichen Faktoren hier wie dort; der Wettbewerb, die Herausforderung tritt sehr kompakt auf im Sinne zeitlicher Maßstäbe wie auch der Intensität. Sport gibt unmittelbares Feedback über Handlungen und Entscheidungen, die Lernkurve ist schnell und kaum zeitverzögert. Hält er das Segel falsch in den Wind, merkt das der Surfer unmittelbar. Manager hingegen verantworten große Entscheidungen, die Auswirkungen werden jedoch oft erst in der Bilanz oder mit noch größerer Zeitverzögerung sichtbar. Daher kann man im Sport vieles unmittelbar erkennen, was in anderen Lebensbereichen nicht so einfach ist.

Dieses Wissen, seine Erfahrungen wird Christoph künftig in die Wirtschaft tragen und dabei viele Geschichten und Metaphern erzählen. Dabei ist er kein Motivationstrainer, denn Motivation ist nicht wirklich sein Ding. Denn wenn ein Sportler nicht motiviert ist, kann ihn der Trainer bestenfalls unterstützen. Die große Motivation muss aus dem Sportler selbst entspringen. Auf den vielen Reisen hat sich gezeigt, dass Amerikaner tendenziell die mental stärksten Menschen sind, die Freude an der Herausforderung haben: Sei die Aufgabe auch noch so gering, sie werden sie mit Begeisterung erfüllen. Für uns Europäer ist oft nicht nachvollziehbar, wenn zum Beispiel ein Parkwächter seine Aufgabe autoritär ausführt. Tatsächlich strahlen sie aber eine Begeisterung aus. Das kann man auch bei den amerikanischen Athleten beobachten, man kann vieles von ihnen lernen. Sie diskutieren auf dem Weg vom Hafen voller Begeisterung, analysieren sofort; selbst wenn sie den letzten Platz belegt haben, analysieren sie. Europäer hingegen schleichen in einem solchen Fall eher bedrückt vom Platz. Das sind gravierende Unterschiede, aus denen man viel lernen kann.

Die Essenz ist ganz wichtig: die Begeisterung für die Herausforderung, für die gerade aktuelle Aufgabe. Egal was man tut, man kann Kraft daraus schöpfen. Man kann durch jede Tätigkeit wachsen und sich weiterentwickeln.

Wie im Sport stellen sich im interkulturellen Management der globalen Wirtschaft ähnliche Probleme. Christoph ist hier der Ansicht, dass man bei entsprechendem Willen jede kulturelle Kluft überwinden könne. Statt ablehnende Haltungen zu entwickeln, solle man sagen: „Großartig, ich lerne neue Leute und Kulturen kennen!" Ein wesentlicher Punkt sei Wertschätzung untereinander. Im Sport ist die Wertschätzung der Leistung des anderen sicher höher und daher leichter zu akzeptieren als in der Wirtschaft. Wobei Geld auch im Sport die Beziehung untereinander verändert. In der Wirtschaft ist das Konkurrenzdenken sicher anders ausgeprägt, es geht um Arbeitsplätze und das Gefühl, „die nehmen mir was weg. Wenn ich bei der Regatta geschlagen werde, kann ich das akzeptieren und den Gegner würdigen – er war besser als ich, möglicherweise sogar trotz weit schlechterer Trainingsbedingungen. Die Würdigung des anderen ist immer der Beginn einer guten und konstruktiven Kommunikation. Konkurrenzdruck und Verlustängste in der Wirtschaft machen es schwieriger, dem anderen Menschen Würdigung entgegenzubringen; aber nur durch anfängliche Würdigung des anderen kann eine fruchtvolle Basis entstehen. Grundsätzlich hat die ganze Welt Nachholbedarf in Sachen Würdigung."

Christoph stört, dass die Prinzipien zum Nutzen des Geistes so klar auf der Hand liegen, doch kaum jemand diese Prinzipien kennt. Die Menschheit ist bereit zu akzeptieren, dass Kommunikationstrainings notwendig sind. Religionen zum Beispiel, sagt Christoph, sind nichts anderes als eine Hilfe zur Kommunikation auf Basis gewisser Regeln für ein förderliches Zusammenleben. Nur haben Religionen so ihre Haken:

Sie stellen den Wahrheitsanspruch, das birgt Konfliktpotenzial. Doch ist das alles wirklich Kommunikation? Christoph: „Für mich ist alles Kommunikation; zunächst Kommunikation mit mir selbst und dann Kommunikation mit der Welt. Alles, worüber hier gesprochen wurde, ist Kommunikation mit mir selbst. Der Mensch ist nun einmal ein Gesellschaftswesen. Wir definieren uns nur über die anderen – egal wie egoistisch einer ist, er wird den anderen brauchen, um Würdigung zu bekommen, um Glück erfahren zu können. Wie im Film „Out in the Wild", wo ein junger Aussteiger alleine in der Wildnis überleben wollte und sein letzter Satz, bevor er an vergifteten Beeren starb, die unglaubliche Aussage war: ‚Glück gibt es nur mit anderen.' Daher muss man zuerst mit sich selbst gut auskommen, um überhaupt in der Lage zu sein, mit der Welt, mit anderen Menschen in Kommunikation zu treten."

Diese Erkenntnis hat Christoph in den letzten Jahren gewonnen, als der Einzelsportler am Surfbrett seine Zeit plötzlich Schulter an Schulter mit einem anderen am Meer, am Segelboot, verbrachte. Die größte Herausforderung war nicht, das Segelboot zu beherrschen, sondern mit den Emotionen des Partners leben zu können. Dabei musste er viel neu lernen, zum Beispiel, mit dem Ärger des anderen umzugehen, mit der negativen Energie, die für ihn anfänglich kaum zu ertragen war. Christoph: „Ich musste Sozialkompetenz und Bindungsfähigkeit erlernen, fremden Ärger bewältigen und draufkommen, dass jeder so tut, wie er gerade kann. Jeder Mensch sieht grundsätzlich in jeder seiner Handlungen einen positiven Zweck, auch wenn die Handlungen für die Außenwelt nicht nachvollziehbar sind."

Das führte direkt zur Spiritualität. Die war und ist für Christoph bis heute ein starkes Thema, gefunden hat er sie, wie bereits ausgeführt, im Buddhismus. Das mentale Training ist aus der Spiritualität heraus entstanden. Auch mit der Überzeugung, dass es keinen erfolgreichen, glücklichen Menschen gibt, der nicht einen starken Glauben hat – woran auch immer er glaubt. Der Glaube richtet sich immer an eine Kraft, eine Energie, die größer ist als man selbst. Der pragmatische Ansatz für den Glauben, so Christoph, ist Visualisierung, die Vorstellung von etwas Größerem, die Verneigung davor, nicht immer nur das **Ich,** aus dem der Einzelne Energie beziehen kann. Egal ob es so ist oder nicht, es funktioniert einfach als Teil eines Größeren, aus dem man unendlich viel Energie schöpfen kann. Nicht von Abhängigkeiten gegängelt zu werden, bedeutet, glücklich sein mit sich selbst.

Kernerfahrungen: Der Fokus bestimmt die Realität, jeder lebt seine Realität, ganz individuell. Entscheidend ist, worauf man sich konzentriert. Der Geist ist ebenso wie der Körper trainierbar, wenn nicht mehr. Der Schlüssel liegt in der Übung, nach zwei bis drei Wochen beginnt es zu funktionieren. Komplexe Dinge zu vereinfachen ist ein weiterer Faktor: Die Kunst, auf schwierige Fragen einfache Antworten zu finden. Die Übung dazu ist einfach: Setz dich hin und sei still! Üben und umsetzen, das ist es. Schnell gesagt, aber schwer umgesetzt. Das ermöglicht den Menschen, sich mächtig zu machen, in der Sprache, der Kommunikation, im Auftreten. Alles andere ergibt sich aus diesen Punkten. Denn grundsätzlich kann jeder das machen, was ein Mensch jemals geschafft hat. Und: Es gibt keinen Zufall im Kosmos.

Das, was Christoph als Führungskraft wichtig ist: viel feiern, viel verlangen, aber auch gerecht sein in der Entlohnung, ein Umfeld schaffen, in dem Kreativität möglich ist, in dem jeder sein Potenzial ausschöpfen kann; Freiheit gewähren, nur so können Ziele erreicht werden.

Die Herausforderung jetzt, auf dem Sprung zum Coach und Trainer, ist es, auf andere Menschen so einzugehen, dass sie die Inhalte möglichst verstehen, dass die Menschen Christoph Siebers Gedanken in den Seminaren folgen können. Die Ziele sind seit Surfzeiten unverändert: Freude. Erfolg.

Toto Wolff

Racer und Inkubator

Jüngst wollte es Christian „Toto" Wolff, Jahrgang 1972, wieder einmal wissen: Mit einem Porsche 911 plante er, den Rundenrekord auf der legendären Nordschleife des Nürburgrings zu brechen. 6 Minuten und 45 Sekunden, so die Kalkulation, sollten möglich sein. Bei ersten Versuchen hatte sich das Auto jeweils nach der Hälfte der fliegenden Runde seltsam angefühlt, „das Heck begann zu schwimmen, als ob ein Uniball-Gelenk gebrochen wäre". Es waren die Reifen: Fingernagelgroße Stücke hatten sich aus der Lauffläche gelöst. Für den eigentlichen Rekordversuch ließ Toto schließlich weiche Qualifying-Reifen aufziehen. Er kam nicht weit: In einer Senke blieb er voll am Gas, wie das Onbord-Video beweist. Am Ausgang explodierte der rechte Hinterreifen. Toto schlug mit aufgezeichneten 269 km/h in die Leitschienen ein, überschlug sich, rodelte knapp 300 Meter am Dach dahin, einmal hier, einmal dort anschlagend. Das Porsche-Werk protokollierte Tage später den völlig verdrehten und zerknüllten Überrollkäfig als das schlimmste Exemplar, das je ein Fahrer zurückgebracht hatte. Toto Wolff verließ den Rest des Autos aus eigener Kraft. Nach drei Monaten konnte er wieder riechen und schmecken. Nach sechs Monaten konnte er erstmals wieder ohne Medikamente schlafen.

Der Monstercrash auf der Nordschleife war der ärgste Unfall, den der wahrlich nicht zimperliche Rennfahrer und Unternehmer Wolff je gehabt hatte. Der Prototyp eines neuen HANS-Systems, das den Nacken bei Unfällen stabilisiert, eher zufällig getragen, hat ihm wohl sein Leben gerettet. Ob er in seinem Wirtschaftsleben je einen vergleichbaren Crash gebaut hat? Der Finanzinvestor Wolff, stets mit hohen Summen jonglierend, verneint: „Schon aus meiner Familienhistorie – ich komme aus einem Haus, das immer am finanziellen Abgrund balanciert ist – versuche ich, in geschäftlichen Dingen stets den konservativsten Weg zu gehen. Bei der Nürburgring-Aktion habe ich den Faktor Material vernachlässigt: Ich hatte nicht bedacht, dass es schon derart am Limit ist, dass ich Terra incognita betrete. Ich habe etwas gemacht, das nur ganz wenige Profis tun würden. Ein Profi hätte aufgehört, nachdem er den ersten Reifensatz so zugerichtet gehabt hätte. Ich hingegen war stolz: Ich kann so schnell fahren, dass der Reifen nach einer Runde in Fetzen hängt."

Toto bekam seine Ausbildung im privaten Lycée Francaise, „die Coolsten in der Klasse waren für mich immer die, die nie gefragt haben. Ich habe immer Fragen gestellt." War er ein sportliches Kind? „In den klassischen Sportarten war ich eine Niete: Fußball, Tennis, Eislaufen, furchtbar. Dafür hatte ich kein Talent." Ganz so patschert kann er aber dann doch nicht gewesen sein, schaffte er es doch bis ins Rugby-Jugendnationalteam und war Dritter in der Österreichischen Taekwondo-Meisterschaft.

Zur Matura wünschte er sich einen Rennfahrer-Lehrgang in der Lechner Racing School, wohl beeinflusst durch seinen damals besten Freund Philipp Peter. Peter war um zwei Jahre älter und fuhr Rennen in verschiedenen Formel-Klassen. Als Toto mit ein paar Kumpels auf dem Rückweg von Amsterdam am Nürburgring vorbeischaute, war es passiert: Jetzt wollte er auch Rennfahrer werden.

Die beste Möglichkeit dafür sah er darin, sich mit seinem Taschengeld als Student einen Seat Ibiza für den damaligen Markenpokal zu organisieren: „Ein Seat-Händler in Wien-Dornbach betrieb ein eigenes Team. Dort habe ich mir den Ibiza geleast: 2000 Schilling (rund 150 Euro) Monatsrate, das schien mir machbar." Mit dem Auto fuhr er auch zur Uni. Als Vorbereitung für seine Rennfahrerkarriere machte er einen Schleuderkurs beim ÖAMTC. Instruktor: Der vielfache Enduro-Staatsmeister Hans Danzinger, für den jungen Toto ein Gott auf Rädern. Nun begab es sich, dass sich Herr Wolff beim Rennen am Österreichring auf Platz 18 von 28 Piloten qualifizierte – genau einen Platz hinter seinem Fahrlehrer. Das Rennen beendete er zwar eine halbe Runde hinter dem Sieger, allerdings einen Platz vor Danzinger, „einem Typen, der offensichtlich Autofahren kann". Ergo: „So schlecht kann ich nicht sein."

Es folgte ein katastrophales Jahr in der Formel Ford, sportlich wie finanziell. Der Höhepunkt: In Brünn matchte er sich mit Alex Wurz, Oliver Tichy und Michi Fiedler, als ihm Oliver Tichy „mitten durchs Auto" fuhr. Harte Zeiten.

In diesem Monat starb außerdem Totos Großmutter. Jung Toto erbte eine Million Schilling, etwas über 70 000 Euro. Im Jahr 1991 war das „richtig viel Geld". Manche Menschen haben das Talent, Geld zu riechen. Einer dieser Menschen ist Walter Lechner senior. Der junge und nun auch finanziell gesunde Toto Wolff hatte für ihn plötzlich Formel-1-Niveau, er, Lechner, würde ihm am Weg nach oben helfen. Allerdings würde das bedeuten, dass Toto nicht nur in seinem Team Rennen fahren würde, sondern auch als Instruktor in der Racing School arbeiten müsste. „Ich fühlte mich geschmeichelt."

Quasi als Training für die erste richtige Saison als Rennfahrer ging Toto nach Neuseeland, um dort Formel-Ford-Rennen zu fahren. Sein Erweckungserlebnis hatte er auf einer Strecke hinter den sieben Bergen, mitten im Regen, vor dem er sich eigentlich gefürchtet hatte: „Nach dem Training ging ich zum Aushang, um Ergebnisse zu studieren. Gewohnheitsmäßig begann ich, meinen Namen im unteren Drittel der 50 Autos zu suchen. Ich fand ihn schließlich auf Platz 3, geschlagen nur von zwei Jungs, die heute noch große Namen sind." Der Knoten war scheinbar geplatzt. Plötzlich hatte Toto Spaß am Rennfahren, plötzlich konnte er mit dem Rennauto spielen und spürte die Leichtigkeit, mit der Sieger zu Werke gehen.

Wohlgemerkt: Wir befinden uns noch auf einer sehr niedrigen Sprosse der Leiter, die in die Formel 1 führt. Wo er wirklich stand, merkte Toto am Österreichring, als er seinem um zwei Jahre jüngeren Freund Alex Wurz nachfuhr: „Ich habe mit dem Auto gekämpft, er hat mit dem Auto getanzt. Er konnte mich zwar nicht abschütteln, aber es waren zwei unterschiedliche Sportarten, die wir betrieben haben. In dieser Situation wurde mir erstmals klar, dass ich doch nicht das Talent für ganz oben hatte, ganz egal, was mir die Leute erzählten."

Wir befinden uns im Mai 1994, der österreichische Rennfahrer Karl Wendlinger hatte gerade seinen schweren Unfall in Monaco gehabt. Toto und Karl hatten denselben Sponsor: Alu König Stahl. Nach Wendlingers Unfall trafen sich Toto und sein Mäzen Peter König in Wien. Dieser Abend gab den Anstoß zu Totos heutigem Leben. König eröffnete Wolff, dass er ihm zwar die restliche Saison garantieren könne, danach aber das Sponsoring im Motorsport gänzlich einstellen werde: „Ich habe keine Lust mehr, meine Fahrer im Krankenhaus zu besuchen." In dieser Sekunde traf der 22-Jährige seine Entscheidung: „Ich trete zurück. Mir fehlt das letzte Talent, um Weltspitze zu werden. Ich habe einen Altersnachteil: Wurz & Co. sind jünger, ergo für Teams attraktiver. Drittens: Das Geld von Oma ist nahezu aufgebraucht. Will ich sportlich einen Schritt weiter gehen, muss ich in die Formel 3 oder Formel Opel Lotus aufsteigen. Da reden wir vom dreifachen Geld. Da ist es doch besser, den Stecker zu ziehen. Und zwar aus eigenem Antrieb."

Diese Erfahrung bezeichnet Toto bis heute als wichtigste Eigenschaft eines Unternehmers: ein realistisches Selbstbild. Einem Traum nachzulaufen, etwas erzwingen zu wollen, sich in etwas zu verbeißen, in dem man eigentlich nicht gut sei, das würde geradezu in den Abgrund führen. Ehrlichkeit zu sich selber, so schmerzhaft es auch sein möge, sei der wichtigste Baustein einer erfolgreichen Karriere.

Für Toto Wolff hieß das, dass er sich als Trainee einer Bank in Warschau wiederfand statt auf dem Siegespodest in Monza, Silverstone oder Monte Carlo. „Es war schon ein Realitätsschock." Später ergab sich die Chance, in einem Stahl verarbeitenden Betrieb anzufangen: „Ich hatte das Glück eines sensationellen Vorgesetzten. Was ich bei diesem Verkaufsleiter gelernt habe, ist die Basis meines wirtschaftlichen Tuns. Ich habe fast alles von ihm gelernt." Dennoch reifte in ihm bald die Erkenntnis, „dass ich nicht als Angestellter arbeiten möchte".

Die Chance dazu ergab sich schon bald. Toto übernahm die Vertretung genau dieser Stahlprodukte für Polen, später kam noch Papier dazu. Irgendwann ging der größte Kunde pleite, und die einzige Chance, halbwegs unbeschadet aus der Sache rauszukommen, lag darin, ihn zu übernehmen. Aus einer Notsituation heraus stolperte Toto Wolff in sein künftiges

Betätigungsfeld: das Beteiligungsgeschäft. Gegen Erlass der Schulden erwarb Wolff 25 % des ehemaligen Kunden. Learning on the Job: Was sind Firmenstrukturen, Vorkaufsrechte, Besserungsklauseln?

Um seine damalige Freundin zu besuchen, reiste er 1998 in die USA, wo gerade die erste Internetwelle am Höhepunkt war: America Online, Amazon, Netscape, Yahoo.

Toto begann zu recherchieren und fand in Österreich Firmen, die imposante Zugriffszahlen hatten. Was heißt Firmen: Bastlerbuden. sms.at zum Beispiel, oder austronaut.at. Die sah sich Toto an.

sms.at bestand aus zwei Grazern, Markus und Jürgen, die das Unternehmen vom Kinderzimmer aus leiteten. Toto gedachte, 50 % davon zu übernehmen. Gründer Markus darauf: „Wir haben gar keine Firma. Wir schreiben Rechnungen auf uns privat." Als ersten Schritt bot ihnen Toto an, dem Unternehmen professionelle Strukturen zu geben: eine GmbH mit 50:50-Anteilen zwischen der Stammmannschaft und dem Investor. Da hatte er nicht mit der sprichwörtlichen steirischen Sturheit der Gründer gerechnet: „Ich schenk nix her."

Unter Schmerzen kam es zu folgendem Agreement: Wenn es Toto schaffen würde, innerhalb eines Jahres jemanden zu finden, der 7 Millionen Schilling (rund 500 000 Euro) für die Firma bieten würde, dürfte er seine 50 Prozent behalten. Wenn nicht, müsste er sie zurückgeben. Und außerdem reklamierte Markus einen Monat Freifahrt mit Totos Porsche in den Vertrag (ein Exunfallwagen, aber immerhin ein Porsche).

Nach 10 Monaten machte das damalige max.mobil (heute: T-Mobile) eine Kapitalerhöhung bei sms.at, Gesamtwert: 70 Millionen Schilling, also das Zehnfache dessen, was der inzwischen gerade volljährige Markus gefordert hatte.

Toto hat sms.at mittlerweile „zigmal gekauft und wieder verkauft", heute macht die ehemalige Minibude aus dem Kinderzimmer „20 Millionen Euro Umsatz und 5 Millionen Gewinn".

Die Story wiederholte sich in ähnlicher, wenn auch abgeschwächter Form mit uboot.at. In dieser Phase geschäftlichen

Rückenwinds rief ihn Alexander Quester an, Sohn der Rennsportlegende Dieter Quester. Es gäbe ein 6-Stunden-Rennen in Brünn. Klar, wird gemacht! Dort schaffte es Wolff auf Anhieb, mit den für ihn großen Namen des Tourenwagensports mitzuhalten. Das alte Fieber, die alte Leidenschaft, aber auch die alten Reflexe waren wieder da.

Eins führte zum anderen, plötzlich fand sich Toto Wolff in einem Auto mit Karl Wendlinger wieder, mit Philipp Peter, fuhr die 24 Stunden vom Nürburgring, die 1000 Meilen von Interlagos, gewann Rennen in der FIA-GT-WM, siegte bei den 24 Stunden von Dubai und Spa, holte sich Gold- und Silver-Cup in Vallelunga, gewann die ETCS. „Meine Freundin Susie Stoddart, die selbst in der zweitprofessionellsten Rennserie der Welt Autorennen fährt, in der DTM nämlich, wundert sich, dass ich viel mehr Pokale daheim habe als sie. Logisch: Wenn du auf hohem Niveau Kart gefahren bist, oder Formel Renault gegen Lewis Hamilton, dann hast du keine Trophäen daheim."

Toto hatte verstanden, dass er durch kluge Vorbereitung und Hirn mehr Zeit gutmachen konnte, als andere Fahrer auf der Strecke finden würden. Das italienische Team, in dem er gemeinsam mit Philipp Peter fuhr, konnte zwar nur ein Campingzelt bieten, in dem Wein und grob gesäbelte Salami gereicht wurden statt einer professionellen Hospitality. Dafür hatten sie aber auch die beste Technologie. Heute hat genau dieses Team vollen Porsche-Werkssupport – und stellt am Rennplatz noch immer das ominöse Campingzelt auf.

Toto Wolff beschreibt sich als extremen Zahlenmenschen, „schon in der Schule war Wahrscheinlichkeitsrechnen mein Lieblingsfach". Er verbiss sich also voll und ganz in die Zahlen, die ihm das Team mittels Telemetrie lieferte. Anhand der dort aufgezeichneten Bremspunkte, des Kurveneingangs- und Exit-Speeds, der Lenkrad- und Pedalbewegungen arbeitete sich der scheinbar nicht so talentierte Toto an die Rundenzeiten seines superschnellen Teamkollegen Philipp Peter heran, er war auch schneller als Team-Leader Karl Wendlinger: Rennfahren als Mathematik plus Mut. (Wer mag, kann das jetzt eins zu eins auf die Wirtschaft übertragen.)

Theoretisch hätte Toto sein Ziel erreicht gehabt: schnellster Mann eines Autos, das um einen WM-Titel kämpft. Doch interne Probleme und zunehmende Fadesse ließen Toto weiterziehen: In einem Rallyeauto sitzt man nicht den halben Tag herum, da gibt's von früh bis spät etwas zu tun. Er suchte ein gutes Team und landete bei BRR, Baumschlager Rallye & Racing. Raimund Baumschlager und Toto Wolff harmonierten in weiterer Folge auch auf menschlicher Ebene, Toto kaufte sich bei BRR ein. Dies freilich nicht aus Sentimentalität, sondern aus Überzeugung: „Ich investiere da, wo das Investment sinnvoll ist – und zwar rundum. Wenn ich bei BRR durch die Werkstatt gehe und die Autos sehe, gibt mir das etwas. Vielleicht würde das Investment bei einem Beschlägehersteller mehr Rendite versprechen, aber mein Herz wäre nicht dabei."

Wenn man so will, „hauptberuflich" ist Toto seit einiger Zeit Aufsichtsrat und Teilhaber von HWA, einem deutschen Tuningbetrieb, der aus AMG hervorgegangen ist und der in vielen Belangen mit Mercedes-Benz kooperiert. Man setzt zum Beispiel Autos auf Basis der aktuellen C-Klasse in der DTM ein und entwickelt Straßen-Pkws, die weit über das Leistungsvermögen dessen hinausgehen, was Mercedes-Benz seinen Kunden zugesteht. (Falls Ihnen, geschätzter Leser, die Laune nach einem 700-PS-SL steht: HWA in Affalterbach, Deutschland, hat die Antwort.)

700 PS: Das sind Leistungsdaten, mit denen man auch in der FIA-GT-WM etwas anfangen kann. Andererseits ist ein 700-PS-Mercedes auch ein Auto, das Toto Wolff zwischen seinen Wohnsitzen in der Schweiz und Wien hin und her bringt. Wie ein Sportler nämlich solle man sich auch als Unternehmer auf seine Disziplin konzentrieren, meint Toto.

So kam es zu seinem bisher spektakulärsten Investment, einer maßgeblichen Beteiligung am Formel-1-Team von Williams: „Jetzt, wo die Formel 1 das Kostenbewusstsein entdeckt hat, stimmt der Business Case. Ich bin der Überzeugung, dass man ein F1-Team kostenneutral betreiben kann, jetzt, wo die Werke aussteigen." Und warum Williams? Weil es neben Ferrari und McLaren jenes Team mit der längsten Geschichte ist, sagt Toto, und Heritage ist ein Wert für sich in der exklusiven Welt der besten Rennserie. Weil die bisherigen Eigentümer Frank Williams und Patrick Head einen Racer wollen, jemand, der tickt wie sie.

Dabei kann man Toto glauben, wenn er versichert, das Williams-Engagement nicht aktiv angestrebt zu haben: „Der Kontakt kam über einen gemeinsamen Bekannten zustande, und ich bin eher widerwillig nach England geflogen, um mir die Firma anzuschauen. Wir waren sofort auf einer Wellenlänge und haben sehr bald ernsthaft verhandelt. Bis zu meinem Einstieg verging noch ein halbes Jahr, das haben die Anwälte gebraucht." Wird er sich ins Tagesgeschäft einmischen? „Das ist nicht geplant. Das überlasse ich den Profis."

War Williams dein größter Deal? „Nach Zahlen gemessen bei Weitem nicht. Einmal haben wir eine Technologiefirma an einen an der NASDAQ-gelisteten Konzern verkauft. Das hatte eine ganz andere Dimension. Emotional bedeutet mir Williams – gemeinsam mit HWA – schon am meisten. Genau wie bei HWA bin ich gekommen, um zu bleiben und mich langfristig einzubringen."

Das ist der Unterschied zwischen einem Sportler und einem kaltschnäuzigen Investor. Doch obwohl er in seiner aktiven Karriere um einen WM-Titel gekämpft hat, sieht er sich nicht als Spitzensportler: „Aus dem Sport kannst du nur dann etwas direkt übernehmen, wenn du Weltklasse warst: die Entbehrung, das tägliche Training, die permanente Überwindung, vor allem aber das schnelle Bewältigen von Frustration. Ich habe das alles nicht gehabt. Mein Sport war meine Leidenschaft, mein Sport war immer Spaß. Von Bernd Pansold trainiert zu werden war für mich Ehre, nicht Qual. Ich wusste, was ich kann und wann ich es kann. Wenn ich es nicht konnte, wusste ich es auch. Das habe ich aus meiner sportlichen Karriere mitgenommen."

Aufgrund des hohen Standards, den er für sich als Sportler mitbekommen hat, bezeichnet sich Toto Wolff nicht einmal in seinem Geschäftsleben als Profi: „Ich bin vielleicht in Österreich einer von den Guten. International gibt es Jungs in meinem Alter, die weitaus besser sind. Als einen der wenigen jungen, österreichischen Profis lasse ich Georg Stumpf gelten, der den Millennium Tower gebaut hat."

Um auch international ganz oben mitspielen zu können, müsse man härter und kompromissloser sein, als er das für sich wolle. „Dann müsste ich vielleicht in einen Betrieb investieren, der mir emotional nichts gibt, nur weil er mehr Rendite verspricht." Und damit dem wichtigsten Grundsatz eines Unternehmens widersprechen, according to Toto: Kenne deine Grenzen, sei realistisch zu dir selbst. „Auch wenn es hochnäsig klingt, aber Geld ist nicht wichtig. Wenn du in einer Einzimmerwohnung unglücklich bist, wirst du dir Gedanken darüber machen, warum du unglücklich bist. Bist du in einem großen Haus unglücklich, bist du doppelt unglücklich: Ich bin doch in einem großen Haus, da sollte ich doch glücklich sein?!"

Genau darum beteiligt er sich ausschließlich an Unternehmen, die ihm Spaß machen: „Das ist in erster Linie Motorsport, das können aber auch lustige Softwareunternehmen sein. Oder Kinderschuhunternehmer, wenns passt."

Darin sieht Toto Wolff den größten Unterschied zwischen sich und Kapazundern wie Lewis Hamilton und Sebastian Vettel: „Die haben Spaß an der Competition an vorderster Front, betreiben ihren Sport seit frühester Kindheit und haben die Möglichkeit, mit größter Akribie nichts anderes zu tun. Das tue ich nicht. Ich mache meine Beteiligungen, aber ich suche mir meine Felder nicht nach dem größten Ertrag aus. Daneben habe ich ein Leben in Form des Motorsports, das ich ausleben kann – wohl wissend, dass ich im internationalen Kontext nur mittelmäßig bin."

Profi und Amateur, für Toto ein komplexes Thema: „Es ist die Summe vieler Faktoren, warum einer Profi wird. Erstens: Talent. Zweitens: Schon früh ein Umfeld schaffen, das dieses Talent fördert. Drittens: Motivation, Kraft und Wille, das nachhaltig zu machen. Viertens: Glück. Richtige Zeit, richtiger Ort, die richtigen Menschen im Umfeld. Fünftens: Intelligenz. Nicht notwendigerweise messbar, aber du brauchst soziale

Skills. Die Burschen an der Spitze, ein Vettel, Loeb oder Hamilton, haben alle soziale Skills, das ist meilenweit entfernt vom coolen Angebertum, das in der zweiten und dritten Liga oft kursiert. Um Profi zu werden, zu sein und zu bleiben, brauchst du diese Fähigkeiten, sowohl in der Wirtschaft als auch im Spitzensport."

Ein weiteres Geschäftsfeld von Toto Wolff ist das Management junger Rennfahrer. Gemeinsam mit drei anderen Großkalibern rund um den zweifachen F1-Weltmeister Mika Häkkinen mache er die DTM-Stars Bruno Spengler und Alexandre Prémat groß, aktuell hat er das finnische Talent Valtteri Bottas unter Vertrag: „Natürlich hole ich da ein wenig meine versandete Karriere nach. Wenn die Burschen Erfolg haben, wenn Valtteri ein F3-Rennen gewinnt, freut mich das so, als hätte ich es persönlich gewonnen. Wirtschaftlich betrachtet ist das, was ich mit jungen Fahrern mache, reine Geldvernichtung. Emotional aber ist es bereichernd."

Wo sieht sich Toto Wolff in 10, 15 Jahren? Interessanterweise hat er darauf keine Antwort: „Ich habe ein Ziel, wo ich in drei Jahren sein möchte, und ich weiß genau, wo ich mich mit 80 Jahren sehe."

Also? „Ich bin mit drei Firmen sehr gut in den relevanten Bereichen des Motorsports aufgestellt: mit Williams in der Formel 1, mit BRR in der Rallye und mit HWA in der DTM. Ich habe das Glück, mit Herrn Aufrecht (Firmengründer, Anm.) bei HWA einen Förderer zu haben, durch den ich in der gemeinsamen Firma in der – nach der Formel 1 – zweitprofessionellsten Autorennserie der Welt agieren kann, und das in leitender Funktion. Das möchte ich nun von der DTM auf die Formel 1 übertragen. Ich arbeite daran, ein Netzwerk aufzubauen, das es HWA erlaubt, in allen Bereichen des Motorsports Geld zu verdienen, serienübergreifend."

Und mit 80 Jahren? „Mit 80 Jahren hätte ich gern die Fähigkeit, mich zurückzulehnen und mich über die 79 Jahre zu freuen, die ich schon verbracht habe. Ich möchte in mir ruhen können, ohne am dritten Tag hyperaktiv zu werden. Ich will in meinem Boot oder Mobilehome sitzen können und mich gern an mein Leben im und mit dem Motorsport zurückerinnern. Ich will geschäftlich erfolgreich gewesen sein und wer sein, im wienerischen Sinn des Wortes."

Und den letzten Euro für Benzin ausgeben?

„Nein, ich möchte meinen Kindern schon etwas hinterlassen, ich möchte eine Basis für sie schaffen. Ich möchte als jemand sterben, der etwas hinterlässt. Und ich bestimme, wann ich aufhöre. Als Sportler, als Unternehmer, als Mensch."

Thomas Kofler

Rennrad-Banker und Teamchef-Visionär

Thomas Kofler lebt seinen Traum. Dieser Traum hat aus einem Banker den Manager eines Profiradteams gemacht. Der gebürtige Vorarlberger stammt aus einer sportlichen Familie. Schon der Vater war ein guter Radfahrer, der Sohn versuchte es zuerst mit dem Skifahren. Sport wurde vom Vater immer unterstützt, „Hauptsache, der Bub betätigt sich sportlich". Thomas sagt heute, dass es eines der höchsten Güter sei, im Kind die Leidenschaft für den Sport zu wecken und ihm die Freude daran zu zeigen. Die Leidenschaft zum Skisport begründete den Weg über die Sporthauptschule bis zur erfolgreichen Aufnahmsprüfung im Skigymnasium Stams.

Während dieser Zeit lernte Thomas Kofler, die passende Dosis Disziplin, Entbehrungen und Spaß dort einzusetzen, wo es notwendig war, getrieben von der jugendlichen Neugier und Freude. Mit 16 Jahren schien der Weg als Skistar vorgezeichnet, doch nach fünf Tagen Stams kam die Erkenntnis: „Die Bereitschaft, alles für den Sport zu geben, ist hier, weg vom Ländle, nicht da."

Der nächste Schritt war, das Rennrad auszupacken und eine kaufmännische Lehre zu beginnen. Also doch Radfahrer wie der Vater, der 1989 die Radsportschule in Rankweil gründete und diese heute erfolgreicher denn je betreibt.

Es war ein Leichtes, die Bretter mit dem Rad zu tauschen. Im Vergleich zu Skifahren ist der Radsport für Thomas der ehrlichere Sport, weniger abhängig vom Material, direkter in der Relation Aufwand – Erfolg. Der Radsport zeigt immer wieder die Grenzen auf, präsentiert schonungslos die Rechnung und zeigt unmissverständlich, dass man noch härter arbeiten muss. Diese Eigenschaft braucht es auch in der Wirtschaft, denn wie auch der Volksmund weiß: Von nichts kommt nichts. Genauso wichtig aber kann die Erkenntnis sein, dass weniger oft mehr bedeutet. Noch mehr Training bedeutet nicht immer bessere Ergebnisse. Die Oszillation zwischen Belastung, Erholung und Qualität des Trainings macht es aus.

Das Schöne am Radsport – im Unterschied zum Skisport – war für Thomas auch die Kameradschaft außerhalb der Rennen. Der offene Umgang untereinander, die Tipps von Kollegen, die Hilfe und Unterstützung, die er erfahren durfte. Befriedigung hat sich immer dann eingestellt, wenn alles getan war: die Hausaufgaben im Winter für die Grundlagenkondition, die Spezialisierung auf dem Rad vor den ersten Rennen, die tägliche Arbeit an sich selbst, der Materialcheck. Das ist die Basis für Erfolg.

Daneben absolvierte Thomas die Lehre. Es war für ihn sehr wichtig, die Ausbildung abzuschließen, im Beruf zu stehen, aber auch Radfahrer zu sein. Sowohl-als-auch, nicht Entweder-oder. Mit 25 Jahren kam die Erkenntnis, dass das Leistungsniveau gestiegen war und dass fehlende Kilometer nicht länger mit mehr Risiko in den Kurven kompensierbar waren. Der Gummi bot eben nicht mehr Grip; wurde die Haftgrenze überschritten, folgten zwangsläufig Stürze. Der Mut zum Risiko war bei ihm immer gut ausgeprägt, oft sogar mehr als das. Thomas erinnert sich heute, „dass sich die vielen Hautabschürfungen hinterm Bankschalter nicht so toll gemacht haben". So traf er die Entscheidung, seine Energien voll auf den Beruf zu fokussieren, obwohl es natürlich nicht leicht war, den geliebten Sport loszulassen.

Er kompensierte den fehlenden Sport durch 120-prozentige Konzentration auf den Beruf. Thomas nutzte alle Ausbildungsmöglichkeiten, um ein möglichst guter Banker zu werden.

Die Analogie zum Sport: die Lehre als Grundlagentraining, die Ausbildung in der Bank als Spezialisierung, das Anwenden jeden Tag, das Tun, der Antrieb, jeden Tag neu zu lernen, um besser zu werden. Das Ziel im Beruf war klar gesteckt: Filialleiter. Die Erfahrungen aus dem Sport halfen dabei enorm: Konsequenz, Durchhaltevermögen, Fokussierung. Das große Ziel war die Bankenmatura – dieses Ziel erreichte er mit konsequentem Training. Dann weiter in der Bank, Kundenverkehr, Kassier, nicht genug. Der Chef in der Filiale war ein sehr sportaffiner Mensch und unterstützte Thomas sehr. Es braucht Mentoren, da und dort. Thomas Koflers Pakt mit seinem Chef sah so aus: „Gib 120 Prozent, und ich unterstütze deine Karriere. Du musst dir den Aufstieg erarbeiten." Das große Ziel: Filialleiter.

Weiter gings, mit der Bankenmatura in der Tasche, zur Basisberatung, zu den Privatkunden und 2005 zum Filialleiter der größten Volksbankfiliale in Vorarlberg mit 20 Mitarbeitern; eine enorme Herausforderung.

Neben alldem konnte er den Radsport nie wirklich lassen. 1999 gründete er das Radteam Volksbank-Colnago, damals mit fünf Fahrern. Von da an entwickelte er das Team kontinuierlich weiter, 2001 wurde der Mountainbike-Weltmeister des Jahres 1999, Michael Rasmussen, verpflichtet. Das bot neue Möglichkeiten im Sport. Die Motivation, neben der beruflichen Herausforderung auch noch das Team zu entwickeln, kam bei Thomas aus der Überzeugung, dass es ein österreichisches Spitzenteam in Vorarlberg geben müsse: „Das war wichtig für mich, denn während meiner aktiven Zeit gab es im Westen kein Team."

So schlich sich der Sport wieder in sein Leben, diesmal allerdings passiv. Und es sollte Spaß machen. Die Praxis sah allerdings so aus: Wochenende bei den Rennen, am Montag wieder in der Bank. So kam es, dass der Kopf in der Bank oft bei den Rennen war – und umgekehrt. Es kam, wie es kommen musste: Die Doppelbelastung wurde zur persönlichen Belastung, Banker und Teamchef zugleich zu sein wurde immer weniger vereinbar. Dazu kam, dass das Herz immer deutlicher mit dem Radsport flirtete.

Bewegung und Sport hatte Thomas zu dieser Zeit für seinen eigenen Körper völlig ausgeblendet. Erfolg mit dem Team, Erfolg im Beruf, Freude der Fans waren Entschädigung und Ausgleich genug.

Thomas Kofler hatte eine klare Vision: Er wollte diesen faszinierenden Sport zum Beruf machen! Der Keim war in seiner Hand, die fruchtbare Erde, in der er ihn wachsen lassen konnte, hatte er aber noch nicht gefunden.

Exkurs: Transfer Sport – Wirtschaft

Wenn du das Gefühl hast, es geht nichts weiter, hilft es, einen Gang zurückzuschalten, neu hinzuschauen und zu reflektieren. Dann kann man neu durchstarten. Oder: Auch wenn die Haxn schon wehtun, lohnt es sich manchmal, zu attackieren. Für die Wirtschaftswelt ausgedrückt: In ausweglos scheinenden Situationen in die Metaposition gehen, mit veränderter Perspektive hinschauen und die Firma, das Projekt, die Strategie mit dieser Erfahrung neu ausrichten, auch wenn die Widerstände groß sind.

Durchs Radfahren und die Führung des Radteams zieht Thomas folgende Parallelen, vor allem für die Mitarbeiterführung: „Trainingslager", wie beispielsweise Outdoortraining, Kletterparcours, Rafting – also gemeinsames Erleben –, sind ein Schlüssel zur Motivation. Dabei die Natur einatmen, seine Grenzen erkennen, überwinden und erweitern sind das Elixier, das es den Menschen ermöglicht, sich wieder mehr zu spüren, zurück in ihre Körper zu kommen. Anfangs wurde auf diesen Trainings oft so lang gejammert, bis der innere Schweinehund überwunden war. Am Montag im Büro waren die positiven Nachschwingungen dann umso deutlicher bemerkbar. Die Wiederholung alle zwei bis drei Monate ist ebenso wichtig, man muss den Prozess am Laufen halten, immer wieder neue Energie nachlegen. Dann erlebt man die Menschen immer mehr so, wie sie wirklich sind. Neutrale Plätze außerhalb der

Bank waren wichtig für das Ritual. Die Themen da draußen, abseits des Bankschalters: Bewegung, Natur, Sport, schließlich Gespräche übers Leben, über sich, über die Firma. So wurden gesunde Lebenseinstellung, Offenheit und Zuversicht gefördert. Wichtig war auch immer, Ergebnisse sofort in der Praxis zu berücksichtigen, also nicht nur darüber zu reden, sondern sie danach auch tatsächlich umzusetzen.

Peter Glatz beschreibt in seinem Buch „Die Welt des Holosapiens" (Eigenverlag, 2003), was Teams brauchen:

Vision:	Hoffnung und Sehnsucht (Verkeimung)
Aura:	Stolz und Einzigartigkeit (das erzeugt spürbare Feldwirkungen/Energiefelder)
Gegner:	Kraft nach außen lenken
Mission:	Zweck und Existenz (Chreode = Teil einer epigenetischen Landschaft; „kanalisierter" Weg)
Kodex:	gemeinsame Werte (gemeinsame Feldwirkung)
Symbole:	gemeinsames Zeichen (aktiviert das Feld)
Rituale:	Handlungen, die Commitment schaffen (Aufladen des Energiefeldes)

Wo war die Erde für den Keim, den Thomas Kofler gefunden hatte? 2006 kam der Wendepunkt, und zwar brutaler, als er sich das je gedacht hätte: Diagnose Lungenembolie, lebensbedrohlicher Zustand. Aus heiterem Himmel. Einfach so. Medizinisch nicht erklärbar. Der Köper hat gestreikt. Es heißt ja, wir leben das Leben vorwärts, verstehen es aber nur rückwärts. In diesem Kontext bedeutet das, dass die Mehrfachbelastung irgendwann zu viel war. Job als Filialleiter, Teammanager, Haus gebaut, dazu zu wenig Zeit für die Familie: Im Nachhinein ist das leicht und logisch erklärt. Thomas: „Auch Sportler haben Grenzen. Das war ein Paradebeispiel für Übertraining."

Thomas Kofler hatte die Grundlagen des Sports vergessen: Belastung braucht Regeneration und Erholung. Jetzt zwang ihn seine medizinische Situation zur Ruhe und gab Zeit zum Nachdenken. Darüber, was er wirklich, wirklich wollte. Niederschreiben ist wichtig. Diskutieren mit Harald Morscher, seinem Geschäftspartner beim Radteam. Der Bauch sagte Team, der Kopf Bank. Der Kopf siegte (noch einmal).

Zurück in der Bank versuchte er, einen Gang zurückzuschalten, doch sehr bald merkte er, dass er sich wieder zurück ins alte Fahrwasser manövrierte. Im Frühjahr 2007 schließlich war es so weit: Er kündigte den Bankjob und gründete eine GmbH. Die Herausforderung Selbstständigkeit begann. „Plötzlich war ich Unternehmer mit 20 Angestellten!" Mit allen Konsequenzen, dem vollen unternehmerischen Risiko und jeder Menge Fragen. Welche Bereicherung, welcher Unterschied zum Bankerjob, was für eine Herausforderung! Gedanken über Strategie, Gehälter, Sponsoren bestimmten seinen Job. Klar war für ihn, dass er mit überschaubarem Risiko den Weg der kleineren Schritte gehen und das Unternehmen kontinuierlich weiterentwickeln wollte.

„Aus dem Sport habe ich gelernt, dass es selbst im Grenzbereich immer wieder Möglichkeiten gibt, dass man immer Handlungsspielraum hat. Das Bild dazu: Wie stark bremse ich vor der Kurve, welchen Speed verträgt sie, wo liegt der Grenzbereich, wie viel Risiko möchte, kann, muss ich nehmen? Es braucht den Mut zum kontrollierten Risiko."

Die Begriffe, die für Thomas aus dem Sport in die Wirtschaft passen: Disziplin, Durchhaltevermögen, Risikobereitschaft, Formaufbau/Trainingssteuerung (Controlling), Kreativität.

Sport und Wirtschaft funktionieren auf vielen Ebenen sehr ähnlich; darum ist es legitim, Analogien zu ziehen. Sport kann gleichgesetzt werden mit Wachstum, Dynamik, Bewegung, Zielerreichung und Leistung. Und, wie Thomas Kofler einwirft, passt vor allem das Fahrrad wunderbar in die heutige Zeit. Spitzensport ist da nur eine Facette. Übergewicht, CO_2, Umweltschutz, Gesundheit, Nahverkehr – das Fahrrad kann vieles bewirken und trägt den Keim zur Problemlösung bereits in sich. Wieder einmal gilt es, die Erde aufzubereiten, um ihn wachsen zu lassen. In Rankweil hat er ein Gebäude angekauft und darin den ersten Fanshop, das „RadHaus", eröffnet. Thomas möchte mit seinem Unternehmen einen Beitrag zur positiven Integration des Fahrrades in der Gesellschaft leisten. Immer mehr auch mit Veranstaltungen rund um das Thema Radfahren.

Franz Weber

Speed-Skier und Netzwerkmanager

Franz Weber war ein ausgesprochen „wilder Hund". Muss man wohl auch sein, wenn man sechs Mal in Folge Speed-Ski-Weltrekordler wird und mit schlanken 208,937 km/h oder 58,04 Meter in der Sekunde im Schnitt den Berg runterfährt. Der Topspeed dabei: über 240 km/h! Franz hält übrigens noch immer den nordamerikanischen Speedrekord. Schnell Ski fahren geht Franz auch heute noch – wenn dafür Zeit bleibt neben dem Business.

Beginnen wir von vorn. Beginnen wir bei Thomas Weisel, CEO von Thomas Weisel Partners Group. Vor der Gründung von Thomas Weisel Partners war Weisel Chairman und CEO von Montgomery Securities, einer Investmentbank mit Finanzservice-Unternehmen. Außerdem gründete Thomas Weisel Montgomery Sports, auch unter Tailwind Sports bekannt.

Thomas Weisel war es, der Lance Armstrong nach seiner Krebserkrankung bei seinem Comeback mit Sponsorgeldern unterstützte. Thomas Weisel hat ein sehr interessantes Konzept: Der Eisschnellläufer und Radfahrer Weisel stellt in seiner Firma nur Athleten an! Skifahrer, Eisschnellläufer, hauptsächlich Wintersportler, die es gewohnt waren, bei schlechtem Wetter ihre Leistung zu bringen. Wir finden Analogien zum Berufsleben, wo auch nicht immer die Sonne scheint. Gerade da muss man die Ausdauer haben, auf die Sonne warten zu können. Natürlich gehört auch im Geschäftsleben das Glück des richtigen Augenblicks dazu, doch muss man in dem Moment, wenn das Glück dann da ist, auch bereit sein, es anzunehmen und mit vollem Einsatz umzusetzen. Darauf kann man sich im

Sport wie in der Wirtschaft verlassen: Geschenkt wird einem nichts. Franz: „Mich hat immer interessiert, was andere Leute machen. Durch Zufall ergab sich, dass ein Freund bei mir anfragte, ob ich denn nicht für seine Kunden – unter ihnen einige Banker – ein paar Tage Skifahren mit Franz Klammer organisieren könnte."

Das ist mittlerweile 25 Jahre her. Franz Weber hat die Skitage gerne organisiert, Franz Klammer war mit Freude dabei, ein Honorar gab es auch. Franz sah sich die Kundenliste an und bemerkte, dass in den Skianzügen lauter einflussreiche Leute steckten: Chairmen, CEOs großer Unternehmen und andere Führungspersönlichkeiten. Er zählte eins und eins zusammen und dachte sich, dass man für diese Gäste etwas Besonderes organisieren müsste. Franz: „Ich wusste, dass Haubenkoch Wolfgang Puck bereits eine über seinen Wirkungskreis hinaus bekannte Persönlichkeit war. Ich erkannte sofort, dass man Added Values generieren muss. Wolfgang Puck sagte spontan zu, Franz Klammer war begeistert, und wir kreierten ein unvergessliches Event. Obendrein passte das Wetter, und wir hatten wunderbare Skitage."

An dieser Veranstaltung nahm unter anderem der Vorsitzende der Credit Suisse First Boston teil, der seinerseits sehr viele Kunden zu betreuen hatte. Da dieser vom Erlebnis beeindruckt war, fragte er Franz, ob er Veranstaltungen für Credit Suisse organisieren wolle. Daraus entstanden die nächsten Events für Kunden mit Skigrößen wie Karl Schranz, Hansi Hinterseer, Egon Zimmermann, Franz Klammer oder Jean-Claude Killy – ein unglaubliches Erlebnis selbst für Bosse vom Kaliber eines Chairman von Nestlé oder Johnson & Johnson. Beeindruckt von diesem Erlebnis fragten wiederum andere geladene Großfirmen bei Franz an, ob er denn nicht auch für ihre Kunden Events organisieren könnte …

Die nächste Idee war, ein Gesamtpaket zu schnüren und an die Fortune 50, die bedeutendsten Firmen der Welt, zu schicken. Die Idee war gut, aber nicht gut genug für Franz: Der wollte nämlich keine Pakete verkaufen und ein erwiesenermaßen erfolgreiches Schema kommerziell ausschlachten, sondern je nach Kundenwunsch ganz spezielle Erlebnisse kreieren, die einmalig und nicht wiederholbar waren. Diese Idee verfolgte er konsequent. Mittlerweile kann er aus einem Pool von Hunderten Sportlern schöpfen, die für Kundenevents buchbar sind. Franz: „Die Sportler verdienen sehr gut dabei. Und für mich hat sich im Laufe der Zeit ein unglaubliches Netzwerk ergeben, mit dem auch große Projekte finanziert werden können. Bei uns in Tirol sagt man, dass die dümmsten Bauern die größten Kartoffeln haben. Wenn das stimmt, bin ich ein sehr dummer Bauer."

Aus vielen Zufällen hat sich Unglaubliches ergeben. Das Netzwerk ermöglichte es, Dinge zu realisieren, die vorher in Europa nicht möglich gewesen wären. In Europa hat die Geisteshaltung des „Das geht nicht" viele Anhänger, man fürchtet sich vor seiner eigenen Courage. In den USA sind die Menschen offenbar offener für Neues. Franz: „Wenn man hier mit einer guten Idee kommt, kann man die Menschen viel leichter begeistern. Es wird sofort Kontakt mit Netzwerken und Freunden aufgenommen, die Interesse an der Idee haben könnten und die die Realisierung unterstützen, fördern und mit Freude den Erfolg beobachten. Neid gibt es hier nicht. In Amerika freuen sich die Leute mit jenen, die Erfolg haben."

Speed-Ski-Fahren ist, so erklärt Franz Weber kraft seiner persönlichen Erfahrung, nicht so gefährlich, wie es aussieht. Denn man bleibt in der Falllinie, hat extrem große Sturzräume und rutscht im Falle eines Sturzes flott am Schnee dahin. Durch die hohe Geschwindigkeit und die starken Fliehkräfte überschlägt man sich auch nicht so leicht, man rutscht vielmehr. Die speziellen, glatten, plastifizierten Anzüge erzeugen kaum Reibung gegen den Schnee, trotzdem wird es recht warm – Verbrennungen sind die gängigsten Verletzungen in diesem Sport. Keine Frage: Speed-Ski ist spektakulär. Franz: „Wenn du in Amerika etwas Abenteuerliches machst, eine gute Story hast, ist das eine gute Eintrittskarte in den Markt, fast besser als ein MBA einer Eliteuni. Die Haltung der Leute ist: Der macht was Wildes, der muss ein cooler Hund sein, ich möchte diesen Typen kennenlernen."

Franz macht mit seinem Erfolg auch sehr viel kostenlos, zum Beispiel Fundraising in seinem Netzwerk für Arnold Schwarzenegger oder Barack Obama. Er kennt viele große Namen persönlich und organisiert zu diesem Zweck beispielsweise einen schönen Abend für Promis. Die besten Köche kochen, die Eagles spielen live, ganz nebenbei werden Millionen gesammelt. Im April 2008 organisierte Franz ein Fundraisingevent für Barack Obama. Denn die Frau von Franz ist Demokratin, sein Sohn arbeitete im Wahlkampfteam mit. Da beide meinten, dass man sich für Obama einsetzen sollte, stellte Franz ein Event mit über 500 Leuten auf die Beine und richtete damit eines der erfolgreichsten Fundraisings für Barack Obama im Zuge seines Wahlkampfs aus.

In die USA kam Franz 1978 als Skiprofi, damals war Andre Arnold Weltmeister. Franz hat die Ski-Profitour, wie er sagt, „alleine abgegrast, denn ich war kein ausgeprägter Mannschaftstyp". In den Speed-Ski-Zirkus stieg Franz erst später ein – unterstützt durch Sponsoren aus der Tabakbranche und einen Wodkaproduzenten. Während seine Freunde die Ski zu den Renn-Locations transportierten, gab Franz in den Städten Interviews und Autogrammstunden für die Sponsoren und transportierte die Erkenntnis: „Speedfahren ist geil!"

Franz arbeitet, wie er selbst sagt, sehr hart, aber genau das hat ihm auch immer Spaß gemacht. Seine beruflichen Stationen führten den Tiroler als Konsulenten für Wirtschafts- und Sportförderung für Kasachstan über das Management von Profi-Skiteams (9x Weltmeister) bis hin zum Netzwerkmanager mit Hunderten Weltmeistern und Olympiasiegern aus den unterschiedlichsten Sportarten, darunter Kapazunder wie Lance Armstrong oder John McEnroe, die über seine Agentur für Kundenevents zu buchen sind. Daneben beriet er Sportler bei der Vermarktung.

Durch die Wirtschaftskrise änderten sich die Parameter teilweise, Firmen waren nicht mehr so großzügig in der Kundenbetreuung. Als Reaktion darauf wurden die Firmenbosse direkt kontaktiert. Franz: „Heute mache ich 2 bis 3 ganz individuelle, hoch personalisierte Veranstaltungen für die Topfirmeneigner und CEOs, wie etwa die Google-Gründer. Wenn man mit diesen Leuten drei, vier Tage unterwegs ist, am Lift sitzt, dann ergeben sich daraus immer wieder neue Geschäftsmöglichkeiten."

Die Erschließung des Skigebietes beim Lake Tahoe etwa, an der Grenze zwischen den Bundesstaaten Nevada und Kalifornien. Franz kauft mit der Kraft seines Netzwerkes alleinstehende Skigebiete, die verbindbar sind, aber noch nie verbunden waren. Zwei dieser Gebiete wurden bereits erworben, für weitere zwei Gebiete laufen die Verhandlungen. Parallel dazu laufen die Genehmigungsverfahren für die geplanten Bauarbeiten. Der Fehler in der Vergangenheit, erzählt Franz, war, dass die Skigebiete als Immobilienspekulation entwickelt wurden, nie jedoch mit dem Fokus auf das operative Geschäft. Man kaufte die Gebiete, erschloss die Grundstücke und verkaufte diese wieder teuer mit hohem Gewinn.

Franz: „Finanziert wurden diese Deals mit Venture Capital und hohen, schnellen Renditeforderungen. Diese waren mit dem Skibusiness, das eine langfristige Perspektive braucht, nicht zu realisieren. Dazu ist Long-Term Capital und damit langfristiges Interesse notwendig. Heute stehen die Millionen Dollar teuren Chalets bis auf wenige Wochen im Jahr leer, Restaurants werden kaum besucht, Hotels funktionieren nicht. Damit ist es nicht möglich, Infrastrukturen aufrechtzuerhalten. Mein Konzept sieht vor, kleine Dörfer mit europäischem Flair zu errichten, mit Fußgängerzone, mit Dorfplatz und Dorfcharakter, Cafés, Restaurants und Geschäften. Der Dorfplatz muss zur Sonne hin ausgerichtet sein, Musiker sollen spielen, Künstler auftreten. Dazu sollen die Häuser in einen Rent-Pool eingebracht werden. Wenn Eigentümer das Haus nicht bewohnen, wird es vom Management vermietet, das bringt mehr Leute ins Ressort. Die Zufahrt mit dem Pkw zu speziellen Areas soll für betuchte Kunden mit der Skikarte ermöglicht werden, die dann zu Fuß in wenigen Minuten ins Dorfzentrum gehen können. Die Dorfplätze in den einzelnen Gebieten müssen mit den Skiern erreichbar sein. Das spart Energie, ist umweltfreundlich und nimmt den Verkehr von der Straße. Abgerundet sollen die Aktivitäten mit Unterstützung für weniger wohlhabende Bevölkerungsschichten werden. Konzerte oder Kulturevents werden einen Beitrag zur Dorfgemeinschaft leisten. Das Ganze ist eine sehr positive Sache. So ein Konzept wäre zum Beispiel auch für die Skigebiete rund um Innsbruck sinnvoll."

Franz ist ein Entrepreneur, er macht alles, was Spaß macht und womit Geld verdient werden kann. Eine neue Geschäftsidee ist zum Beispiel, ein Hotel in Tirol zu kaufen und dort Tenniscamps für Kids aus den USA anzubieten.

Geplantes Programm: Tennis, Skifahren, Reiten, Bergtouren, Rafting, Kunst und Kultur, aber auch Kochworkshops. So lernen die Kids nicht nur andere Kulturen kennen, sondern vor allem auch sportliche Herausforderungen zu meistern. Und wenn die Kids begeistert sind, dann kommen auch die Eltern.

Oder einen Abend unter dem Motto „Dining with the Stars" (den Titel „Dancing with the Stars" ließ sich Franz bereits vor vielen Jahren registrieren): Jeder Tisch wird um einen guten Betrag verkauft, Wolfgang Puck kocht, Freunde aus dem Weinbusiness stellen Wein zur Verfügung, und die Kunden dinieren mit Promischauspielern.

Noch so ein alljährliches Highlight ist die „Tour de Franz", eine Rennradrunde durch die Weinberge, bei der etwa Dustin Hoffmann und seine Freunde Stammgäste sind. Rad fahren, gut essen, quatschen – die Leute haben einfach Spaß dabei.

Durch den Sport hat Franz Disziplin gelernt und die Fähigkeit gewonnen, Niederlagen schnell wegzustecken, die positive Seite des Sports zu sehen, jeden Tag zu überlegen, wie man sein Leistungsvermögen steigern kann und statt drei Minuten nur mehr 2 Minuten 30 Sekunden auf Lance Armstrong verliert, anstatt über den Rückstand deprimiert zu sein. Daraus Erfolg und Spaß ableitet, sich ständig verbessert und die richtige Einstellung gewinnt. Wenn man konsequent in die positive Richtung marschiert, stellt sich laut Franz Weber der Erfolg automatisch ein. Für das Business gilt Ähnliches.

Franz: „Ich habe mit meinem Weg viel erreicht im Leben. Doch mit einem MBA-Abschluss von Yale oder Harvard hätte ich den Erfolg in kürzerer Zeit erreichen können. Denn der Intellekt ist ja der gleiche, mit dem nötigen Know-how hätte ich mir möglicherweise leichter getan, vor allem hätte ich im Private Equity Business, das ich mit Partnern betrieb, weniger Lehrgeld zahlen müssen. Doch ohne Sport wirst du körperlich und damit auch geistig lax, reagierst nicht so schnell. Sportliche Betätigung bringt Sauerstoff in den Körper. Ich bin überzeugt davon, dass Topmanager, die Sport betreiben, einen Vorteil gegenüber jenen haben, die ihren Körper nicht sportlich fordern. Zum Beispiel bei einem Deal, dessen Verhandlungen über Monate laufen, hat der mit der besseren Ausdauer, der mit dem größeren Durchhaltevermögen die Nase vorne. Der Sport fördert auch das kreative Denken, denn die Konsequenz einer Entscheidung ist unmittelbar erlebbar, schnelle Problemlösungen sind gefordert." Doch kein Licht ohne Schatten: „Der Nachteil eines Wettkampfsportlers ist oft, dass er zu kompetitiv agiert, einen Deal mit aller Gewalt machen möchte, beweisen möchte, dass es geht."

Manfred Stohl

Rallye-Weltmeister und Chef

Der Name Stohl ist in Österreich mit dem Rallyesport verbunden, seit Manfreds Vater Rudi mit seiner Lada (später auch mit Audis) in die Welt hinauszog. Die Rallye in Afrika, in Griechenland, in Bulgarien schien Stohl senior stets interessanter als der Meisterschaftslauf ums Eck.

Manfred, Jahrgang 1972, wuchs also zwangsläufig mit dem Rallyesport auf. Aktiv betrieb er in der Jugend vor allem BMX (wo er auf Alex Wurz traf), außerdem Landhockey, später kamen „Trainingseinheiten" mit dem Auto im Fahrsicherheitszentrum Teesdorf dazu, wo er und sein Kumpel Wurz die Feinheiten des instabilen Fahrzustandes ausloteten, freilich nicht immer ganz freiwillig.

Manfred lernte Allgemeinmechaniker, machte den Führerschein, arbeitete am Flughafen Wien/Schwechat in der Zentralwerkstatt, „ein sicherer Job". Natürlich reizte es ihn, das zu machen, was er beim Vater gesehen hatte: die Welt bereisen, Rallyes bestreiten. Manfred lernte den Beruf des Rallyepiloten von der Pike auf. Er diente seinem Vater als Beifahrer beim Training der legendären Safari-Rallye, 5000 Kilometer auf übelsten Pisten, und wer zuerst wieder zurück war, hatte gewonnen. Ohne Improvisation kommst du hier nicht durch. Als Manfred danach Anstalten zeigte, selber fahren zu wollen, zeigte Rudi Stohl auf eine Rohkarosse in der Garage: „Hier ist das Auto, dort sind Teile. Bau es dir zusammen, dann hast du was zu fahren." Gemeinsam mit Mechanikerfreunden setzte er das Puzzle zusammen und lernte eine wichtige Lektion: Es bedeutet Arbeit, dass ein Rallyeauto fährt. Und wenn man etwas kaputt gemacht hat, wird das nicht von selber wieder heil. Dennoch denkt er im Nachhinein, eine gute Startposition gehabt zu haben: „Ich konnte quasi aus dem Vollen schöpfen, denn die Teile, die ich bekam, waren zwar gebraucht, aber sie waren vorhanden und gut."

Der junge Stohl bewährte sich und war so gut, dass ihm Ralliart Germany 1997 erstmals die Chance bot, eine komplette WM-Saison in der seriennahen Gruppe N zu fahren.

„Nun musste ich mich entscheiden: Gehe ich arbeiten oder Rallye fahren? Diese Entscheidung ist mir auch dank meiner Jugend leichtgefallen, und ich habe den sicheren Job hingeschmissen. Selbst wenn das Preisgeld gerade gereicht hat, dass sich mein Beifahrer und ich das Essen kaufen und abends in eine Bar gehen konnten. So haben wir vier Jahre lang – ich möchte fast sagen – das Leben genossen, ohne Job, ohne Absicherung, bloß die normale Krankenversicherung haben wir eingezahlt. Auf diese Art sind wir im Jahr 2000 Weltmeister geworden. Trotzdem wurde mir in dieser Phase klar, dass es so nicht weitergehen kann."

Vater Rudi wurde, 8 Jahre vor der Pension, von seiner Firma ÖFAG Gräf und Stift – später AC Austro Car – gekündigt. Das nahm Manfred Stohl zum Anlass, seine eigene Firma zu gründen. Schon in der WM hatte er teilweise ein von ihm präpariertes Auto eingesetzt. Durch seinen sportlichen Erfolg hatte er sich in der internationalen Rallyeszene einen guten Ruf erarbeitet. So sah er Chancen, Geld durch Vermietung und Vorbereitung von Rallyeautos zu verdienen. Kleines Problem am Rande: Manfred Stohl hatte kein Geld. Er versuchte bei diversen Banken, einen Kredit über 15 000 Euro zu bekommen, um als ersten Schritt eine GmbH gründen zu können. Er bekam ihn nicht. „Die wollten, dass ich mit Mama, Papa, Oma und Opa antanze, um 15 000 Euro geborgt zu kriegen. Von einem Firmengebäude war da noch überhaupt keine Rede."

Über Umwege, Kontakte und Freunde von Freunden ergab sich der Kontakt zu einer „kleinen Bank im tiefsten Alpenvorland", die Interesse zeigte. Sicherheiten? „Nicht einmal gar nichts. Nur mein Name, mein sportlicher Erfolg und die Überzeugung, dass das, was ich vorhabe, Zukunft hat. Bloß eine Lebensversicherung musste ich abschließen." Der gelernte Allgemeinmechaniker hatte zwar von Fräsen und Drehen Ahnung, die wohlmeinende Aufforderung der Bank, doch bitte einen Businessplan vorzulegen, überforderte ihn trotzdem. Überraschenderweise reichte es nicht, „dass ich den Bankern gesagt habe, dass das ganz todsicher funktionieren wird, was ich vorhabe".

Gemeinsam mit einem Steuerberater, wieder ein Freund eines Freundes eines Bekannten, goss er das mittels alter Rechnungen in Tabellenform, was er schon bislang gemacht hatte, wenn er ein Auto bei einer Rallye eingesetzt hatte. Die Bank stieg darauf ein, „sie waren die Einzigen, die sich das getraut haben. Sie haben ein hohes Risiko genommen, und es hat sich ausgezahlt. Aus Loyalität und Dankbarkeit bin ich noch heute bei ihnen."

Mit der Abfertigung seines Vaters und dem Sparbuch einer Tante kaufte Stohl die Hälfte eines Grundstücks an einer Durchzugsstraße in Groß Enzersdorf. Der Plan für die Firma fiel feudal aus. Der Hintergedanke: Stohl wollte nur den Keller für sich haben und Erdgeschoss wie Oberstock vermieten. Jede Ebene funktionierte autark. Das war der Plan von

Anfang an, eine wohl kalkulierte Maßnahme zur Risikominimierung. Nur wuchs die Firma so schnell, dass es nie dazu kam. „Kaum war das Erdgeschoss bezogen, hatte ich schon die Krise, wann die nächste Etage endlich fertig wird, weil ich den Platz brauchte."

Heute ist Stohl Racing eine der besten Adressen in der Branche – international. Der feste Stamm der Belegschaft beläuft sich auf etwa ein Dutzend Mann, in Stoßzeiten wird Manpower zugekauft. Man setzt Rallyeautos auf der ganzen Welt ein und betreut sie. Das ist das Kerngeschäft. Wie schon einst bei seinem Vater endete der Blick nicht am nationalen Tellerrand. Früh baute Stohl Racingautos für „exotische" Länder, etwa Rumänien, Bulgarien, Jamaica oder Russland. Jüngst organisierte sich gar ein Fahrer aus Costa Rica über den Umweg der Österreichischen Botschaft den Kontakt zu Manfred Stohl, da dessen Rennautos auch in Südamerika Weltruf haben.

Selbstverständlich werden hier permanent hohe Summen bewegt. „Ich habe mir mit meiner Bank einen sehr guten Kontokorrent ausgehandelt und nutze ihn permanent bis ans Limit aus – noch heute. Daran wird sich auch nichts ändern. Sobald eine Rechnung bezahlt ist, wird weiter investiert. Das muss auch so sein im Rallyebusiness. Der Wettbewerb entwickelt sich weiter, es kommen neue Modelle und neue Teile auf den Markt. Willst du bei deinen Kunden konkurrenzfähig sein, müssen deine Autos konkurrenzfähig sein."

Neben dem klassischen Kerngeschäft eines Rennauto-Tuners etabliert sich bei Stohl Racing immer mehr die Division Entwicklung und Forschung. Initialzündung war die Entwicklung von Rallyeautos mit Erdgasbetrieb, gemeinsam mit seinem langjährigen Sponsor OMV, ein weltweites Pionierprojekt. Später machte Stohl Racing einen Diesel-Subaru rallyetauglich, ohne Werksunterstützung, und das, obwohl bereits Tuner aus Frankreich und Japan an der Idee gescheitert waren. Stohl Racing hat sich durchgebissen. „Das schlägt Wellen bis in die Zentrale nach Japan und hilft mir anderwärtig."

Selbst Giganten der Branche rufen mittlerweile bei Stohl Racing an der nordöstlichen Peripherie Wiens an, wenn sie bei einem Problem nicht mehr weiterwissen: „Wenn Global Player mit vielleicht 40 000 Mitarbeitern weltweit in meiner kleinen Bude anrufen und uns bitten, das Problem zu lösen, das sie selber nicht knacken können, ist das eine schöne Bestätigung, dass wir gute Arbeit leisten." Und er erzählt die Geschichte des CEO eines großen Herstellers, der in abendlicher Runde von technischen Problemen mit einem Motor berichtete – in Unkenntnis dessen, dass das Problem via eigentlich beauftragter externer Company längst bei Stohl Racing gelandet war, dessen Chef zwei Plätze weiter saß. „Ich durfte mir natürlich nichts anmerken lassen. Das Projekt unterlag strengster Geheimhaltung." Die Namen der involvierten Firmen wird man von Manfred Stohl nie erfahren, nur so viel: Das Ziel sei, auf der internationalen Shortlist für technische Troubleshooter ganz oben zu stehen. Dinge zu entwickeln, die andere noch nicht gemacht haben oder an denen sie gescheitert sind.

Hat die eigene Firma im Hintergrund den Sportler Manfred Stohl gehemmt? Schnelle Antwort: „Meine größten sportlichen Erfolge hatte ich in jener Zeit, als in der Firma am meisten zu tun war." Pause. „Was ich nicht sagen kann: Vielleicht wäre ich ohne Firma noch besser gewesen, weil ich den Kopf frei gehabt hätte. Auf der anderen Seite hat mir die eigene Firma natürlich auch viel ermöglicht. Ich hatte immer die Gewissheit, ein Rallyeauto zur Verfügung zu haben, wenn alle Stricke reißen. Wenn du ausschließlich auf fremde Teams angewiesen bist, hast du diese Sicherheit nicht. Und wenn es darum ging, Projekte zu finanzieren, hatte ich immer den Trumpf in der Hinterhand, gewisse Dinge nicht zu brauchen und aus dem Gesamtpaket raus verhandeln zu können: Ein Trainingsauto zum Beispiel habe ich immer selber mitgebracht. Oder zum Schluss bei Citroën: Stohl Racing hat die Trainingsautos fürs Werksteam präpariert. Auf diese Art habe ich sogar noch was verdient."

Auch wenn er schwört, ein anderer Mensch zu sein, wenn er den Helm aufsetzt: So ganz lassen sich der Unternehmer Manfred Stohl und der Rennfahrer Manfred Stohl nicht voneinander trennen. Auf WM-Läufen konnte man ihn in der

Servicezone permanent am Telefon erleben, er war immer am Managen und Checken. Stohl beschreibt sich als typischen Hands-On-Chef: „Ich bin ein Mensch, der – leider – immer alles selber können will. Ich will Bescheid wissen und mich auskennen. Wenn bei einer Rallye etwas schiefläuft, will ich wissen, warum. Wenn ab morgen keiner meiner Mitarbeiter mehr in die Firma kommt, weiß ich, was ich tun muss, um das Werk wieder zum Laufen zu bringen. Ich weiß, wie ich Container nach Übersee schicke, ich weiß, wie ich meine Flüge buche, ich weiß im schlimmsten Fall, wie ich eine Zylinderkopfdichtung wechsle. Oder weiß zumindest, wen ich anrufen kann, der diesen Job für mich erledigt. Ein Grundverständnis der Materie halte ich im Geschäftsleben für unabdingbar."

In Zweifelsfällen werden Probleme als sportliche Herausforderungen gesehen: „Wenn mir jemand erklärt, dass es unmöglich ist, den Container in time nach Auckland zu schicken, entwickle ich einen extra Ehrgeiz. Da kannst du davon ausgehen, dass ich es schaffe. Solang die Uhr nicht abgelaufen ist, ist das Rennen nicht vorbei. Diese Einstellung kommt sicher vom Sport."

Niemals aufgeben, solang es eine Chance gibt, das Ziel zu erreichen, das ist für Manfred Stohl ein gültiges Dogma sowohl im Sport als auch in der Wirtschaft.

Rallye ist ein höchst aufwändiger Sport, vor allem in seiner internationalen Ausprägung. Ein Auto, Fahrer, Beifahrer, damit ist es längst nicht getan. Der Aufwand, den die Spitze betreibt, ist mit der Formel 1 vergleichbar. Wer mit den großen Jungs mitspielen will, muss sich ihren Regeln stellen. Das gilt für den Fahrer genauso wie für den Teamchef: „Ich weiß, welchen logistischen und wirtschaftlichen Aufwand es bedeutet, dass Sattelschlepper plus Anhänger, Rallyeauto, Trainingsauto plus Van inklusive aller Ersatzteile pünktlich und vollständig auf den Azoren stehen und im Sitz des Fahrers außerdem der richtige Sitzpolster montiert ist. Ich weiß es als Fahrer zu schätzen, aber ich weiß auch, wie viel Arbeit das für das Team ist."

Manfred Stohls Position – einerseits als Pilot von Weltformat, andererseits als Dienstleister seiner Kunden – macht sein

Wissen einzigartig und begehrt für internationale Hersteller und Zulieferer. Er weiß nicht nur, was technisch-sportlich funktioniert, sondern auch, was Kunden – Sportler wie er, wenn auch in der Regel nicht auf seinem fahrerischen Niveau – wünschen. Und er weiß auch ganz genau, was die Kunden nicht wollen. Ein Verkäufer, geschult im täglichen Umgang.

Die Rallyebranche besteht aus einem fein gewobenen Netz an Kontakten. Ein Großteil seines Jobs, so Stohl, bestehe aus Informationsbeschaffung und dem Pflegen seiner Kontakte. Informationsvorsprung ist alles: „In der Regel weiß ich, welches Teil neu auf den Markt kommt, noch bevor es der Fahrer weiß, der es als Erster kriegt. Diese Netzwerke pflegen sich gegenseitig. Die Leute kriegen von mir ja auch etwas zurück." Stohl schafft es zum Beispiel, mit den Konkurrenten Pirelli und BF Goodrich gut Freund zu sein. „Weil ich ehrlich bin, mich jeweils zu 100 Prozent einbringe, nichts ausplaudere und jeden einzelnen Job mit vollem Einsatz für den jeweiligen Auftraggeber erledige."

Dereinst, wenn die Strahlkraft seiner sportlichen Erfolge nicht mehr ausreichen wird, um Kunden anzuziehen, „wenn mich die Kids auf der Tankstelle nicht mehr erkennen", muss die Firma so aufgestellt sein, dass sie auch ohne das vor Jahren eingezahlte Startkapital – seinen guten Namen und seine sportlichen Erfolge – funktioniert. Daran arbeitet er gerade.

Wichtigster Mann in seiner Firma ist schon heute Technikchef Günther Aschacher: „Wir sprechen mit einer Stimme. Menschen wie er, die in der zweiten Reihe unauffällig und perfekt die Arbeit erledigen, sind unbezahlbar." Dieses System hat er von den Großen seines Sports, mit denen er zu tun hatte, übernommen: Peugeot Sport, Bozian, Kronos. Auch dort gibt es neben dem Mann im Scheinwerferlicht einen Kopiloten, der dem Chef den Rücken freihält.

Deklarierte Managementphilosophie gibt es bei Stohl Racing keine, das System ist flexibel und reagiert auf Notwendigkeiten. „Früher habe ich geglaubt, ich darf mir ausschließlich Topleute in die Firma holen. Plötzlich hatte ich zwar lauter 1-A-Motoren und Überdrüber-Getriebe, aber keinen mehr, der die Werkstatt aufkehrte. Für eine funktionierende Firma ist aber eine saubere Werkstatt genauso wichtig wie ein 1-A-Motor." Oder: „Früher wollte ich mit jedem Mitarbeiter Freund sein. Das ist mir bis heute nicht so gelungen, wie ich es mir vorgestellt habe. Das funktioniert bei einer Firma dieser Größe einfach nicht mehr. Ich musste lernen, Nein zu sagen. Früher hätte ich die Frage nach der Notwendigkeit von Hierarchien verneint. Heute weiß ich: Es muss einen Chef geben, der die Linie vorgibt. Der Chef bin ich. Es kann aber Situationen geben, in denen man seinen Ingenieuren nicht sagen kann, dass sie gerade in die verkehrte Richtung losrennen, ohne ihre Position zu schwächen. Da muss man auf den richtigen Moment warten oder versuchen, den Fehler zumindest beim nächsten Mal zu vermeiden. Freiraum ist wichtig, die Leute sollen selbst entscheiden, auch wenn es mir in erster Instanz nicht gefällt. In 80 Prozent der Fälle hat sich allerdings herausgestellt, dass meine ursprüngliche Einschätzung der Lage richtig war. Die restlichen 20 Prozent nutze ich, um selber noch besser zu werden."

Warum das Ganze? Warum sieht er heute, obwohl er nicht mehr in der WM fährt, seine kleine Tochter in manchen Monaten so selten? Warum brennt so oft um Mitternacht noch Licht im Obergeschoss von Stohl Racing, da draußen in Groß Enzersdorf?

„Weil es mich stolz macht, was wir auf die Beine stellen. Wenn mich die Japaner als Hero feiern. Wenn Leute in meinen Betrieb kommen und es ihnen gefällt. Zweitens: weil ich gern Geld verdiene. Warum bin ich nicht mit dem Geld zufrieden, das ich bisher verdient habe? Weil ein Sportler Weltmeister werden will, wenn er Staatsmeister geworden ist. In mir steckt ganz sicher ein bissl was von einem Workaholic. Wenn ich nichts mehr arbeiten müsste, um meinen Lebensstandard halten zu können, würde ich aufhören? Wahrscheinlich nicht."

Abgesehen davon: Wo Stohl Racing draufsteht, muss Stohl drin sein, darum sind alle Gedankenspiele, die operative Führung abzugeben und nur mehr als Konsulent zu fungieren, noch weit verfrüht. Es geht um den persönlichen Kontakt, das hat die Branche so an sich.

Wo sieht Manfred Stohl seine Firma heute, legt man seine sportliche Karriere als Maßstab an? Hat sie – im übertragenen Sinn – den Weltmeistertitel in der Gruppe N schon erreicht?

Stohl verneint: „Um bei deinem Bild zu bleiben: Wir haben die ersten Läufe gewonnen und führen nach einem Drittel der Saison in der WM. Aber die Saison ist noch lang. Gruppe-N-Weltmeister bin ich dann, wenn das komplette Gebäude mit allem, was drin ist, ausfinanziert ist. Und wenn ich die Gruppe N gewonnen habe, will ich in die Königsklasse WRC aufsteigen, das ist die Logik der Sache."

Seine sportlichen Erfolge bewertet er aktuell höher als die unternehmerischen. Und das, so sagt der international erfolgreichste Rallyefahrer, den Österreich je hatte, wird in seinem Inneren wohl auch immer so bleiben: „Sportliche Erfolge sind unbezahlbar. Darum sind sie ja so wertvoll."

Georg Hochegger

Ironman, und Star Event Gründer

Triathlon an sich ist schon eine sehr spezielle Herausforderung. Das gilt natürlich in vermehrtem Maß für den Ironman: 3,6 km Schwimmen. 180 km Radfahren. 42 Kilometer Laufen. Drei sehr konträre Bewerbe. Jeder Bereich ein Fall für Spezialisten. Und doch können nur Generalisten erfolgreich sein.

Mich hat dieser Sport schon immer fasziniert, ebenso die Sportler dahinter. Georg war einer dieser Sportler. Euphorisiert von der Atmosphäre beim Triathlon in Roth hat er die Vision entwickelt, den Ironman nach Klagenfurt zu bringen.

Als ich Georg die Idee zum Buch via Mail schickte, hat er sofort zugesagt. Wir haben uns vor dem Ironman in Klagenfurt in der Event Zone getroffen, die Atmosphäre war aufgeladen. Die Sportler spürbar bereit für die Herausforderung, die zahlreichen Besucher voller Neugier. Georg lachte, er hatte gerade wieder ein Projekt auf Schiene gebracht: Mit Steven Roche

(1987 gewann der Ire den Giro d'Italia, die Tour de France und die WM in Villach) und Formel-1-Weltmeister Alain Prost, der jährlich 15 000 km auf dem Fahrrad sitzt, ist vor dem Ironman in Monaco ein Business Lunch als Incentive geplant. Daraus soll ein EU-weites Projekt mit dem Titel „Motivation durch Inspiration" entstehen. Das Ziel: Leute so zu coachen, dass sie ihren Traum, den Ironman zu finishen, in die Realität umsetzen. Sie sollen ihren Traum leben und damit einen Kreis schließen: von der Inspiration durch den Sport zur Umsetzung im Sport und wieder retour.

Die massivste Lernerfahrung aus dem Sport ist für Georg das Finishen. Eine Sache zu Ende zu bringen, und zwar so gut wie möglich: „Das Ziel ist, das Ziel zu erreichen!"

Das ist auch heute die treibende Kraft. Das Ziel mit Triangle ist noch weit weg. Triangle ist die Firma, gegründet und seitdem erfolgreich geführt von Georg Hochegger, Helge Lorenz und Stefan Petschnig. Alle drei verbindet eine aktive Triathlongeschichte und eine Vision: Sie wollen einen offiziellen Ironman in Österreich auf die Beine zu stellen.

Noch sind sie auf einer Etappe unterwegs und vertrauen auf die im Sport erworbene Fähigkeit, sich aus einem Tief selbst herausziehen zu können. In jedem Triathlon durchlebt der Sportler zahlreiche Höhen und Tiefen. Die Gewissheit, gut trainiert zu haben, es schon oft geschafft zu haben, mobilisiert Kräfte und lässt die Tiefs durchtauchen.

Wie damals, als Georg in der 6. Stufe das Gymnasium beendete, in Ferlach die Fachschule besuchte und die Ausbildung zum Goldschmied absolvierte. Das kam seinem Talent entgegen, brachte das gesamte kreative Potenzial zum Ausdruck, in jeder Hinsicht. Die Entscheidung zur Ausbildung zum Goldschmied war laut Georg „entscheidend für das spätere Leben". Nach dem Abschluss ging es für 2 Jahre in die Schweiz, dann 5 Jahre nach New York als Goldschmied. Dort lernte Georg Mark Allen kennen, den 6-fachen Hawaii-Sieger. Die Faszination Triathlon erwachte. Zurück in Österreich gründete er eine Firma und übte seinen erlernten Beruf des Goldschmiedes 10 Jahre lang aus. Daneben war Sport der wichtigste Faktor. Seine Sportarten waren schon seit der Schulzeit Laufen, Schwimmen ab 16, 17 Jahren Radfahren, nebenbei Fußball.

Als Georg seine Vision seinem Freund Helge erzählte, war die erste Reaktion: Unmöglich! Doch der Gedanke, einen Ironman in Kärnten zu organisieren, war derart stark, dass dessen Manifestation nur eine Frage der Zeit war. Und doch: Es ging auf und ab wie auf einer Hochschaubahn. Die Idee wurde als verrückt und unrealisierbar eingestuft. Von Politikern, Sponsoren, ja selbst von Freunden.

Weitergeholfen hat immer wieder die Selbstmotivationskraft, gestärkt durch den Sport. Und die Referenzerfahrung, welche Kraft die Zuschauer geben können.

Hier sieht Georg Parallelen zum Business: „Wenn es schwer geht, nicht alles so läuft, wie man es sich wünscht, dann muss man durchhalten, möglicherweise den Kurs etwas ändern, einige Gänge leichter schalten und verschnaufen, sich Luft verschaffen – dann rollt es wieder. Dann ist nicht alles schwarz und weiß. Die Einstellung, die man sich aneignet, erlaubt es, das gesamte Farbspektrum und sämtliche Schattierungen zu erfassen, wahrzunehmen und ins Leben zu integrieren. Scheinbare Widersprüche lassen sich so vereinen. Welche Bereicherung!"

Das leitet über zum Thema Spiritualität, Teil einer integralen Persönlichkeit. Es war Mark Allen, der meinte, dass durch Fitness alleine nicht alles machbar ist. Ein Wettkampf findet zu 80 % im Kopf statt! Mark war es auch, der Georg mit dem Schamanismus in Kontakt brachte, mit der spirituellen Seite seines Selbst. Am Anfang war die Bedeutung nicht so klar, doch mit der Zeit wurde dieser Teil immer wichtiger, immer strahlender. So gewinnt man oft das Gefühl, dass manche Menschen eine Aura haben, die bei anderen Begeisterung auslöst. Menschen, die große Entscheidungen treffen, die das tun, was getan werden will, haben oft ein sehr spezielles Auftreten. Ich meine, diese Menschen haben das **Sein** entdeckt. Im Hier und Jetzt.

Die Suche nach Sponsoren ging weiter. Viele Gemeinden lehnten ab. Die Turbulenzen gingen weiter. „Wenn man so negativ in einen Wettkampf geht, dann kann nichts dabei rauskommen."

Doch dann, nach vielen Tiefschlägen und eisernem Durchhaltevermögen, gelernt im Sport, war es so weit: Die Verantwortlichen der Kärnten Werbung konnten vom Projekt überzeugt werden, sie sagten die Unterstützung für das Event zu. Allen voran der damalige Tourismuschef Ferdinand Posnik. Dann kam noch Stefan Petschnig, der beim Militär die Funktion des Presseoffiziers ausübte, als Partner an Bord. Das Netzwerk aus dem Sport konnte direkt und sehr geradlinig angesprochen werden. Die ersten Jahre waren geprägt durch eine unglaublich konsequente Aufbauarbeit, in der die Veranstaltung von den Medien noch mehr oder weniger ignoriert wurde. Georg meint: „Man darf sein Ziel nicht aus den Augen verlieren, muss warten können und Geduld haben. Auch reflektieren, dass man selbst nicht überall der Beste ist und beim Gehen des Weges seine Stärken und Schwächen herausfiltert, Chancen nutzt, aber auch Demut lernt und aus Rückschlägen neue Kraft schöpft."

Die Gründung von Triangle war eine Sekundenentscheidung aus der Überzeugung, der Kraft der Idee als solcher. Der beste Freund meinte zwar, dass das nicht zu schaffen sei, trotzdem war klar: Es gehört getan. Jetzt! Es würde funktionieren, wie immer der Weg auch aussah, egal ob auf der Autobahn, auf Schotter oder Serpentinen bergauf oder bergab gefahren werden musste. Diesem Prinzip ist man sich bis heute treu geblieben. Wenn die Überzeugung für eine neue Idee da ist, dann wird sie umgesetzt. Der Antrieb, Gedanken zu Ideen reifen zu lassen, Ideen zu verwirklichen, kommt aus dem Wunsch, die eigene Kreativität ausdrücken zu können, aber auch vom Gefühl des „Genießens des Erfolges", aus den Erfahrungen, die immer und immer wieder das Leben bereichern. Speziell am Anfang war Geld für Georg Hochegger nicht der bestimmende Motivationsfaktor. Geld soll, so sieht er das, jenes Leben ermöglichen, das man leben möchte. Wo und wie man wirklich, wirklich will. Natürlich ist für jedes Unternehmen der finanzielle Erfolg wichtig – immerhin wollen Rechnungen gezahlt werden und Mitarbeiter verdienen den Ausgleich für die geleistete Arbeit.

ıd Meister, die üben. Jeden Tag fragen sich Sport-
ich aus dem gestrigen Tag gelernt, was kann ich
nachen?"

ıachen Manager?

ıre Frage drängt sich auf: Wie viel Struktur ilität? Triangle hat sehr lange ohne formalisier- arbeitet. Die drei Partner wussten genau, was haben die Notwendigkeit einer Struktur lange ehen. Doch das Wachstum und die steigende führten zu einer interessanten Situation wäh- kshops: Plötzlich forderten die Mitarbeiter ein Georg: „Als 18 von 20 Mitarbeitern den Wunsch eäußert hatten, war uns klar, dass es hier aku- bedarf gibt. Uns wurde schlagartig klar, dass ırbeiter zu sehr im Freiraum gelassen hatten her an Orientierung fehlte. Wir haben intensiv nan genau braucht und uns danach für eine schieden, mit funktionalem Design und fla- n. Zu viel Struktur sahen wir als Killer, zu we- den Auslöser von Chaos. Die richtige Balance e haben wir gefunden."

verkaufte Georg seine Anteile an Triangle, da nzen an einen international agierenden Inves- e und Georg sich zu sehr eingeschränkt fühlte. lie Star Production SRL – alle Mitarbeiter, die in g gearbeitet hatten, folgten ihm in das neue n die Star Events aufzubauen. Star Events ver- el sportlicher Höchstleistungen, sondern viel- liche Werte zu vereinen und aus der Welt latz zu machen (http://star-events.cc). Star Umweltschutz mit sozialer Verantwortung em Anspruch, Menschen und Regionen zu

Das Prinzip bei Triangle heißt organisches Wachstum. Es wurde und wird immer nur das ausgegeben, was da ist. Man hat noch nie Schulden gemacht. Das Wachstum wurde aus sich heraus evolutionär finanziert. Dass es so funktioniert hat über die Jahre, war eine gute Lehre, die Sicherheit und Festigkeit gegeben hat und immer weiter gibt.

Ein weiterer Erfolgsfaktor ist, dass es zwischen den Partnern nie Diskrepanzen gab und das Führungsteam wie eine perfekt aufeinander eingespielte Mannschaft funktioniert. Dadurch und durch die Tatsache, dass die finanziellen Unabhängigkeiten von Investoren oder Banken gegeben waren, konnten Entscheidungen sehr schnell und effizient getroffen werden, am Puls der Zeit. Über die Jahre konnten Reserven aufgebaut werden. Diese ermöglichen es, Neues zu tun, ohne dabei große Risiken eingehen zu müssen. Diese Freiheit setzt enorme kreative Potenziale frei.

Schon nach dem ersten Jahr klopfte die WTC (World Triathlon Corporation) an und bot den Titel Ironman an. Dies war Teil der Strategie und die Voraussetzung, weiterzumachen. Dann ging es Schlag auf Schlag. Nach Österreich kamen die Lizenzen für Frankreich, Monaco und Südafrika dazu. Und die WTC will, dass Triangle noch weitere Länder aufbaut! Triangle ist heute schon der größte Lizenznehmer.

Rund um den Ironman hat sich Triangle zu einer Full Service Event Company diversifiziert. 50 Mitarbeiter tragen mittlerweile hoch motiviert zum Erfolg bei. Die Unternehmensbereiche umfassen Consulting, die Organisation von Branded Events, Public Relations, Activation, Triangle Sports, Triangle Institute zur Trainingsbetreuung und Steuerung, aber auch die Fanzone in Klagenfurt während der Euro 2008 wurde konzipiert und umgesetzt.

Gelungen ist das Ganze aus der tiefen Überzeugung des Möglichen heraus. Die Sponsoren sind überwiegend sportaffine Menschen, die eine attraktive Lifestyle-Eventplattform für die Präsentation ihrer Marke nutzen möchten. Das persönliche Engagement des CEOs ist dabei von besonderer Bedeutung. Oft betreiben sie selbst Sport. Natürlich helfen auch die mittlerweile sehr attraktiven Medienberichte; sie generieren messbaren Werbewert. Der Ironman als Marke öffnet heute die Türen. Daraus kann wieder mehr entstehen, das öffnet weitere Türen … Ein evolutionärer Prozess ist aus sich heraus entstanden.

Oft haben die drei Jungs den inneren Schweinehund überwunden, ja förmlich mit der Aussicht auf Geschenke mit dem Selbstbelohnungsfaktor ausgetrickst. In Tiefs helfen Vorbilder, die es auch geschafft, nicht aufgegeben haben. Wenn man durchbeißt, stellt sich das geniale Gefühl ein, es geschafft zu haben, zufrieden zu sein. Früher hatte man das Gefühl bei den Wettkämpfen, im Hotel nach dem Duschen, heute nach einem Event. Und um Erfolge bewerten zu können, braucht es oft Abstand. Aha!

Ich habe Georg gefragt, was ihm in der Rolle eines Consultants in einem Konzern wichtig wäre. Spannend!

Er würde anstreben, „dass jeder Einzelne seine Vision, seinen Traum leben könnte. Dazu muss man den Traum aber erst einmal zu leben beginnen. Nur so setzt man Dinge in der physischen Welt in Bewegung. Der Weg ist das Ziel und bringt einen näher zum Ziel." Immer weiter und weiter. Überzeugung und Begeisterung entstehen aus der Gefühlsebene. Das trägt zur Attraktivität der Firma bei. Daten und Fakten unterstützen das „Bauchhirn" bei der Entscheidungsfindung, man kann aus dem **Sein** heraus agieren, in einer stimmigen Balance aus Körper, Geist und Seele.

Etwas vom offenen und fairen Verhältnis der Sportler zueinander in die Firmenkultur zu bringen, wäre eine Möglichkeit, Stress und Mobbing zu reduzieren und so eine gesunde Basis zu schaffen.

Und wie funktioniert das bei Triangle – immerhin gilt es, 50 Mitarbeiter in 4 Ländern zu einem Team zu formen? Georg: „Mit sehr viel Kontakt auf allen Ebenen. Es wird Raum gegeben für Events, bei denen die Mitarbeiter ihre Ideen einbringen können und den Job mit Freude machen. Dazu braucht es Größe als Chef, Wertschätzung für das Geleistete und das Zulassen von Fehlern. Wir versuchen über verschiedene Wege

(Incentives, Seminare, V
arbeiter das große Ganz
Beitrag als wichtigen, i
permanenter Austausc
die Mitarbeiter unterst
besser zu werden, aus
forderung ist das mult
afrika, Frankreich, Mo
Vielfalt eine riesige Ir
verstehen, wie die eir
die Mentalität. So ist
auch aufgrund der
die Sprachbarriere (
dergründig der Einc
den Tag gefordert,
halten, damit unse
Schlüsselpositioner
eine sehr hohe Pro

Frankreich und
prozesse. Man hat
Granit gebissen. E
ben, die Mensch
folg gehabt", so C

Und wie kön
Möglicherweise,
kann. Dann kanr
von Freude gep
Veränderungen
schafft ist, mus
drehen beginr
wieder Energi
Prozess oft ver
gestoppt wird
immer gemeir
Nur so werder
zurückgelegt,
die Finish-Lin

Sportler si
ler: „Was habe
heute besser

Und was n

Eine weit
braucht Flexib
te Struktur ge
zu tun ist, und
Zeit nicht ges
Mitarbeiterzah
rend eines Wo
Firmengerüst.
nach Struktur g
ten Handlungs
wir unsere Mit
und es ihnen da
diskutiert, was
‚Light'-Form en
chen Hierarchie
nig Struktur als
macht's – und d

Anfang 2010
die Iron Man Lize
tor verkauft wurd
Georg gründete
Monaco für Geor
Unternehmen, un
folgt nicht das Zi
mehr gesellschaf
einen besseren
Events verbindet
und Charity mit d
verbinden.

Georgs Prämissen:

- Sei von deiner Idee überzeugt.
- Überzeuge andere Menschen davon.
- Halte durch.
- Finde die Balance und integriere Spiritualität.
- Schaffe so viel Struktur wie nötig.
- Lebe Wertschätzung.
- Lerne andere Kulturen verstehen.
- Wachse evolutionär.
- Lebe deinen Traum.

Wolfgang Konrad

Hindernisläufer und Marathon-Mann

Die Zeiten in Tirol waren damals, als Wolfgang Konrad ein Kind war, nicht so rosig. Die Umgebung war vom Sport geprägt, die Freunde Radfahrer, Skiläufer oder Fußballer. Allerdings war in der Familie Konrad das Geld für Rennrad oder Skier nicht da. Und für Fußball war er, wie er noch heute gern zugibt, völlig ungeeignet. Seinem Sporttrieb folgend entdeckte Wolfgang Konrad das Laufen und merkte rasch, dass er dazu ein gewisses Talent hatte. Der Erfolg kam schnell. Mit 14 Jahren begann er mit dem Laufsport, zwei Jahre später war er bereits ganz vorne dabei in Österreich. In dieser frühen Phase lief er alles, was er unter die Schuhe bekam, von 800 Meter bis zum Crosslauf. 1977 war er bereits einer der besten Junioren in Europa. Das führte dazu, dass er 1978 beim Bundesheer die Chance bekam, seine Sportkarriere im Bundes-Sportzentrum Südstadt weiter auszubauen.

„Bereits 1979 war ich einer der schnellsten Hindernisläufer der Welt, doch leider war ich sehr oft verletzt. 1980 startete ich trotz einer langen Verletzung im Vorbereitungstraining bei den Olympischen Spielen in Moskau, wo – geschwächt durch eine Magen-Darm-Infektion – im Semifinale Schluss war. 1981 hatte ich einen Autounfall, bei dem ich schwer verletzt wurde. Ich habe mich aber wieder zurückgekämpft. 1982 war mit einem fünften Rang bei der Leichtathletik Europameisterschaft in Athen über 3000 Meter Hindernis und dem dritten Rang in der Jahresweltrangliste mein bestes Jahr. Aufgrund weiterer Verletzungen in den folgenden Jahren beendete ich meine aktive Karriere 26-jährig bereits 1984. Trotzdem, ich hatte eine kurze und sehr intensive Sportkarriere, deren persönlichen Wert ich erst Jahre später einschätzen konnte."

Die Erfahrungen, die er durch den Sport gemacht hatte, der dauernde Kampf, nach Verletzungen zurück an die Spitze zu kommen, prägten ihn. Wolfgang Konrad erkannte sehr früh, dass der Laufsport viel Potenzial hatte und der erlernte Elektrikerberuf auf Dauer ohnehin nichts für ihn war. Daher versuchte er sich als Laufsportveranstalter und organisierte seine erste Veranstaltung mit 136 Teilnehmern. Er lernte seine heutige Frau kennen und knüpfte viele Freundschaften. Werner Kuhn, Manager des Fußballklubs Rapid Wien, oder Franz Tost, der heutige F1-Teamchef bei Toro Rosso, zählten schon damals zu jenen, die ihn bei seinen Veranstaltungen unterstützten. Den Durchbruch im Organisationsbusiness schaffte er mit der Ausrichtung von Triathlonveranstaltungen auf der Donauinsel.

Wolfgang Konrad: „1988 erhielt ich vom Kongresszentrum der Wiener Hofburg als Veranstalter die Möglichkeit, den Wien-Marathon zu organisieren, den es seit 1984 gab. Gott sei Dank erkannte ich diese Riesenchance, die nicht für jeden offensichtlich war. Ich glaubte schon damals – es waren ca. 3000 Teilnehmer am Start – fest daran, dass der Marathonsport zu einer enormen Bewegung werden kann. Als die Hofburg 1991 die Veranstaltung nicht mehr durchführen wollte, übernahm ich die Veranstaltung mit der vollen Haftung und organisierte den Marathon als selbstständiger Unternehmer. Ich war damals eben zum richtigen Zeitpunkt am richtigen Ort und glaubte an mich und mein Produkt."

Der Anspruch war geprägt durch den Antrieb aus dem Sport: die beste, innovativste Marathonveranstaltung zu entwickeln. Wenn es Widerstände gab, dann fuhr er mit tiefer Griffposition, ausgestellten Ellbogen und Vollgas, um ein Bild aus dem Rennradbereich zu bemühen. Das macht er noch heute so. Eine der wichtigsten Erkenntnisse aus dem Sport ist, dass man um den Erfolg kämpfen muss, aus Niederlagen lernt, aufsteht und es noch einmal versucht.

Wolfgang Konrad hat aus dem Sport gelernt, „Verantwortung für mein Tun zu übernehmen, Unternehmer zu sein, nicht Manager. Der Unternehmer steht immer zu seinem Unternehmen. Der Manager seilt sich in schwierigen Situationen ab. Es gibt gerade jetzt in diesen schwierigen Zeiten genügend Beispiele von hoch dekorierten Managern, die ihre Unternehmen verlassen."

Heute arbeiten fünf Mitarbeiter fix für Wolfgang Konrad, drei außerdem als Teilzeitbeschäftigte. Dazu kommt noch sein Laufsportgeschäft. Temporär sind während der intensiven Vorbereitung und am Renntag des Vienna City Marathons bis zu 4000 Menschen beteiligt, darunter viele freiwillige Helfer – sie sorgen dafür, dass die Veranstaltung reibungslos abläuft. Alleine über 600 Personen kümmern sich an den Labestationen um die Läufer. 250 Mitarbeiter sichern als Streckenposten die Route durch die Stadt Wien.

„Wir haben rechtzeitig erkannt, dass der Vienna City Marathon als eigenständige Marke stehen muss und wir diese auch pflegen müssen. Wir sahen auch rund um den Vienna City Marathon die Notwendigkeit von Side Events. Zu Wien passt die klassische Musik. Diese Positionierung haben wir erkannt und konsequent verfolgt. Im Mozart-Jahr 2006 haben wir zum Beispiel als erste Sportveranstaltung im Rahmenprogramm ein Konzert mit den Wiener Philharmonikern unter der Leitung von Professor Buchbinder angeboten."

Im Zuge dieser Initiative wurde der Slogan „Run Vienna, Enjoy Classic" kreiert, der heute die gesamte Veranstaltungskommunikation prägt und zu einer sehr guten Kooperation mit den Verantwortlichen des Wiener Tourismusverbandes führte. Kurioserweise stellte der bereits lange anhaltende Erfolg ein Hemmnis für die Wahrnehmung des Marathons als Partizipationsplattform dar. Dies änderte sich erst in den letzten Jahren. Ob Hotellerie oder Gastronomie – alle konnten auf den Zug aufspringen und an der Veranstaltung mit über 30 000 Teilnehmern, ein Großteil davon aus dem Ausland, partizipieren. Für die Gastronomie ausgedrückt: Das Wiener Schnitzel, das während des Marathonwochenendes nicht verkauft wird, verkauft sich nie wieder. Die neuesten Statistiken weisen 21 Millionen Euro als inlandswirksame Ausgaben, die durch den Marathon erzielt werden, aus. Ein unglaublicher Wert für eine Eintagesveranstaltung ohne Investitionskosten in die Infrastruktur, wie sie zum Beispiel bei der Fußball-EM notwendig waren.

In den Anfängen des Wien-Marathons jammerte man, dass es zu wenige Sponsoren gab. Als Wolfgang Konrad die Organisation übernahm, wurde eine Linie ausgegeben: „Kein Jammern, nur Handeln. Wer will schon eine Veranstaltung sponsern, bei der es keine Sponsoren gibt? Ab diesem Moment hatten wir immer Sponsoren, und ich hoffe, dass es künftig trotz Wirtschaftskrise so bleibt. Das Bestreben ist, immer unique zu sein, etwas Einzigartiges zu machen. Eines der größten Laufmagazine der Welt kürte den Wien-Marathon zur innovativsten Laufveranstaltung Europas. Ich betrachte das als große Auszeichnung. Wir waren der erste Marathon weltweit, der Computerchips zur Zeiterfassung einsetzte. Heute können wir von jedem Teilnehmer Zwischenzeiten in Echtzeit an beliebig viele Handynummern senden. So ist die Oma, Mutter, Frau, Freundin, sind Freunde und Kinder zu Hause immer aktuell informiert oder können sich rechtzeitig an der Strecke positionieren."

Doch wie ist die Faszination Marathon zu erklären, die explodierende Zahl an Teilnehmern? Der Marathonsport ist der einzige Sport, der aus einem Mythos heraus entstand. Der Soldat Pheidippides, ein athenischer Läufer, soll den Sieg der Griechen über die Perser bei der Schlacht in Marathon sterbend in Athen verkündet haben. Helden entstehen aus solchen Mythen.

„Die Menschheit hat sich immer an höheren Werten orientiert, nach Höherem gestrebt. Die Besteigung von Achttausendern ohne Sauerstoff, Tauch-Tiefenrekorde, die Landung auf dem Mond. Beim Marathonlauf verhält es sich ähnlich: Wie weit kann ich den Körper ausreizen? Wenn der einfache Marathon nicht mehr reicht, dann laufe ich eben einen doppelten. Dazu kommt die Gruppendynamik, das Städteereignis. Es geht durch die schönsten Städte der Welt wie Wien, Paris oder New York. Ein weiterer Faktor ist, dass du immer und überall laufen kannst, egal wie das Wetter ist, in welcher Stadt oder in welchem Land du gerade bist. Der Aufwand ist extrem gering. Einen Jogger und Laufschuhe – mehr braucht es nicht. Daher laufen auch viele Topmanager, die sehr viel unterwegs sind."

Wolfgang Konrad lief selber einige Marathons, seine beste Zeit war 2:23:47 Stunden. Nicht schlecht für einen Hobbysportler, als den er sich selbst bezeichnet. Der Höhepunkt des Laufsports in Österreich entstand im Sog der Publikationen von Ulrich Strunz und seiner atemberaubenden Vorträge, in denen er die Menschen motivierte, sich zu bewegen. 2001 startete jeder 828. Österreicher beim Vienna City Marathon! Diese Welle wurde jedoch leider in keinster Weise genützt. Es wird zwar immer diskutiert, dass vor allem Kinder und Jugendliche, aber auch Erwachsene immer dicker werden, doch niemand greift das Thema wirklich auf.

„Anstatt Bewegung zu fördern, werden Turnstunden reduziert und Unternehmen streichen aufgrund der Wirtschaftskrise die Mitarbeiterbewegungsprogramme. Und dann wundern sich Manager, wenn ihre Mitarbeiter in den Krankenstand gehen", zürnt Wolfgang Konrad.

Führungskräfte können vom Sportler Beharrlichkeit und Durchsetzungsvermögen lernen. Als ein Beispiel nennt Konrad den Skispringer Thomas Morgenstern, der bereits enorm viel erreichte. Aus dem Sturz bei der Weltmeisterschaft auf der Normalschanze in Liberec 2009 ging der junge Kärntner gestärkt heraus.

Sport ist immer eine Momentaufnahme und soll auch so gesehen werden. Niemand fragt heute nach der Zeit, die Wolfgang Konrad vor 25 Jahren gelaufen ist. Es zählt einzig das, was im Hier und Jetzt geleistet wird. Gemessen wird er längst daran, was er im Business erreicht. Der Name hilft mitunter, mehr Optionen zu erhalten.

„Wesentlich ist immer, was der Einzelne für sich aus seiner sportlichen Karriere mitnimmt und daraus macht."

Kris Rosenberger

Rallyepilot und Gastwirt

Kris Rosenberger wuchs an der Autobahn auf. Sein Vater hatte – nach einer Zeit als Manager einer Hotelkette in Kanada – auf der A1 bei St. Pölten seine erste Raststation eröffnet. Die Rosenbergers wohnten im Souterrain: „Wenn man im Winter oben die Skischuhe trappeln gehört hat, haben wir gewusst, dass der Tag beginnt." Die Nähe zur Autobahn hieß aber auch viel Platz zum Draußen-Spielen, und vor allem: frühe Mobilität mit dem Fahrrad. Die nächste größere Ortschaft war immerhin 6 km entfernt. Auf dem Stiftsgymnasium Melk war Kris sportlich gut, am ehesten im Dreikampf (60-m-Lauf, Weitsprung, Kugelstoßen), „und im Fußball waren wir irgendwann einmal Vizemeister, obwohl mir Fußball eigentlich nie sonderlich viel gesagt hat".

Wer an der Autobahn aufwächst, dem ist motorisiertes Gerät näher als der Ball. Und an einem besonders guten Tag kann es schon passieren, dass der Papa einem Zehnjährigen endlich die ersehnte Puch Magnum sponsert, ein Automatik-Motocross-Moped, mit dem man sich von den unzuverlässigen Mannschaftskollegen in Teamsportarten emanzipieren kann. Kris wuchs, die Motorräder wuchsen auch: eine 80-ccm-Yamaha, eine 125er-KTM, eine 250er-Honda. Mit 15, 16 Jahren brachte ihn der Vater zu den Rennen, danach fuhr er mit Freunden mit, die schon einen Führerschein hatten. Regelmäßiges Training fiel der Schule zum Opfer. So kam es, wie es kommen musste: Kris war am Start schnell und brach in der Regel nach ein paar Runden fürchterlich ein. In seinem letzten Rennen in Imbach im Kremstal wurde Rosenberger von Heinz

Kinigadner überrundet. Das war der Auslöser: „Es muss etwas anderes geben."

Aus seiner MX-Historie erschien Rallye als logische Wahl. Kris verkaufte sein Straßenauto und investierte das Geld in einen Ford Sierra Cosworth, mit dem er auch im Alltag unterwegs war. Bei seiner allerersten Rallye im Jahr 1991 montierte er Slicks – auch das eine Premiere. Auf der ersten Prüfung verlor er, der Rookie, 10 Sekunden auf die Bestzeit des damals als wahrlich nicht zimperlich verschrienen Kurt Göttlicher. Zu viel, befand sein damaliger Teamchef. „Dann fuhr ich halt schneller. Es kam, wie es kommen musste: Rollsplitt, Heck in den Graben, doppelter Überschlag. Somit war ich wieder Fußgänger, respektive Radfahrer."

Kris ging den harten Weg: In seiner ersten Saison standen fünf Zielankünften fünf Überschläge entgegen und langsam dämmerte ihm: „Rallye ist ein sehr komplexer Sport, den lernst du nicht über Nacht." Und heute, mit der Weisheit des vollendeten vierten Lebensjahrzehnts: „Es ist auch ein sehr schöner Sport, weil du ihn bis ins hohe Alter betreiben kannst. Und du musst nicht mit fünf Jahren im Kart gehockt sein, um eine Chance zu haben, weil du einen Führerschein brauchst, damit du überhaupt Rallyes fahren darfst."

Das Rutschen am Motocross war immerhin die perfekte Schule für den Rallyesport, „selbst auf Asphalt. Wenn die Straße ausgeht, hast du dir wenigstens die Car-Control antrainiert, das Auto dort hinfeuern zu können, wo du dir nicht wehtust."

Motorsport ist immer mit viel Geld verbunden, „mit Ausnahme vielleicht des Motocross, wo du dir um ein paar Tausend Euro ein Bike kaufst, frische Reifen dazu, der Rest liegt an dir. Rallye hingegen ist ein Teamsport, unglaublich facettenreich und detailliert. Rallye ist Fehlervermeidung, ein riesiges Puzzle. Wenn du alles richtig gemacht hast, kommt dir das Fahren am Limit sehr leicht vor. Die Chance, dass etwas schiefgeht, ist allerdings um ein Vielfaches größer. Ich habe in meiner Rallyekarriere deutlich öfter verloren als gewonnen." Immerhin: Es reichte zum Staatsmeistertitel 1997, außerdem stehen mehrere Top-Ten-Resultate in der WM zu Buche.

Kris Rosenberger hat – sowohl auf zwei als auch auf vier Rädern – den Ruf des absolut Furchtlosen. Wie passt das mit seinem Beruf als Geschäftsführer der Rosenberger Raststätten zusammen?

„Im Job muss ich immer wieder feststellen, dass ich minimales Risiko eingehe. Würde ich im Beruf so agieren wie im Sport, müsste ich riesige Werbung machen, hemmungslose Expansion ins Ausland und jedes Jahr fünf bis zehn neue Betriebe aufmachen. Grundsätzlich ginge das ja. Wenn dann aber eine Krise kommt, hast du ein Problem."

Rosenberger betreibt heute 15 Raststationen und hat 850 Mitarbeiter, funktioniert aber nach wie vor als Familienbetrieb: Kris, seine Schwester, seine Mutter und ein Finanzgeschäftsführer leiten den Betrieb. Diese Struktur hat Vor- und Nachteile: „Innerhalb von zehn Minuten kann ich jeden erreichen und es gibt eine Entscheidung, es gibt Konstanz in der Personalwahl, Rosenberger ist Rosenberger. Der Nachteil: Probleme werden eher emotionalisiert."

Dass Kris mittlerweile seit acht Jahren das Familienunternehmen leitet, war nie so geplant. Er hatte zuvor nämlich einen Job, „den du eigentlich dein ganzes Leben nicht mehr aufgeben darfst": Kris war Motorsportchef beim Mattighofener Motorradproduzenten KTM.

Nach der Matura und parallel zu seiner Rallyekarriere absolvierte er den Lehrgang „Werbung und Verkauf" an der WU Wien, als ihn Heinz Kinigadner, den er vom gemeinsamen Start bei der Oasis-Rallye und früheren Motocross-rennen kannte, anrief: Ob er vielleicht jemanden kenne, den man bei KTM fürs Marketing verwenden könne. Kris bewarb sich und bekam den Job: „Ich hatte das extreme Glück, zur richtigen Zeit am richtigen Platz zu sein."

KTM befand sich damals in einer Phase enormer Expansion. Die neue Fabrik war noch nicht fertig, in der alten huschten nachts Mäuse über die Tastaturen. Wer in dieser Zeit bei KTM arbeitete, machte heute dies, morgen auch noch das, hatte plötzlich mehr Freiräume, als es anderswo in so kurzer Zeit möglich gewesen wäre. Kris organisierte als einer von drei Mitarbeitern in der Marketingabteilung Events, gestaltete Prospekte, betreute Händler und Messen, entschied über Sponsoring und lernte das Handwerk on the job. „Man konnte auch Fehler machen, denn wenn keiner da ist, der das sonst macht: Wer sollte schimpfen?"

Prompt nahm man ihn auch auf die legendäre Rallye Dakar mit: „Da fragst du nicht, was du tun musst, du sagst einfach zu." Er bekam den schönen Job des Ersatzteilmanagers für Kunden, man kann auch sagen: jenen des Frontschweins. „Da bist du derjenige, der nie schläft, weil die Privatfahrer um drei in der Nacht ins Biwak kommen und an deinem Zelt rütteln, weil sie irgendwas brauchen." Andererseits war Kris genau dort, wo die Probleme waren. Niemand wusste nach der Dakar besser Bescheid über das Produkt KTM Adventure als er.

Im nächsten Jahr wurde der Job des Motorsportchefs frei. Kris bekam ihn, „ein Traumjob mit allen Möglichkeiten. CEO Stefan Pierer sagte zu mir: ‚Herr Rosenberger, ich möchte, dass wir Dakar gewinnen.' ‚Kein Problem', sagte ich und machte eine Kalkulation, an deren Ende eine relativ hohe zweistellige Millionensumme in Schilling stand. Pierer hat ohne zu zucken unterschrieben. Wir haben die Dakar dann auch gewonnen."

Kris traf ein paar sehr gute Managemententscheidungen. Unter anderem verhinderte er die Absetzung von Hans Trunkenpolz, den er bei der Dakar als kreativen Topmann schätzen gelernt hatte und der bloß das Problem hatte, alles selber machen zu wollen. „In der zweiten Dakar-Woche hat er zum ersten Mal geschlafen: stehend am Ersatzreifen seines Autos." Kris stellte ihm eine Assistentin und technische Betreuung zur Seite, „danach hat der Hans keine einzige Dakar mehr verloren".

Den ersten Dakar-Sieg mit dem inzwischen verunglückten Fabrizio Meoni im Jahr 2001 stellt Kris Rosenberger „weit, weit" über seine eigenen sportlichen Erfolge, und das klingt keinesfalls kokett. Er verantwortete alle vier relevanten Bereiche von KTM Racing: Motocross, Enduro, Rallye und Supermoto: „Ich war in einer privilegierten Position, die du normal nie wieder aufgeben darfst."

Im Dezember 1999 starb Kris' Vater, Gründer der Raststättenkette. Es galt, Ordnung in den Nachlass zu bringen (unter anderem stammt die Trennung der Raststätten in die Hausmarke Rosenberger und in Landzeit, die Firma von Kris' Cousin Wolfgang, aus dieser Zeit). Kris blieb noch knapp zwei Jahre bei KTM, um hier eine geordnete Übergabe zu schaffen. Danach: Call of duty. Heim in den Familienbetrieb.

„Auch wenn es ein ganz andere Metier ist: Gewisse Prinzipien gelten, egal, ob du Motorräder verkaufst oder Menüs, Äpfel oder Birnen. Du musst einen USP haben, etwas, das andere nicht haben. Bei den Motorrädern ist es das stärkere, leichtere, begehrenswertere Bike, in der Gastronomie das frischere, preiswertere, bessere Essen. Die Unterschiede werden hier wie dort geringer – das macht das Ganze spannend."

Wenn es beim Verkaufen auf Differenzierung ankommt: Wie hat sich der Sportler Kris Rosenberger auf Sponsorensuche von seinen Mitbewerbern unterschieden? „Schrecklich, da war ich ganz schlecht, auch aufgrund meines Namens. ‚Der hat sowieso Geld', hat es oft geheißen, ‚der braucht unser Geld gar nicht.'" In Wahrheit basierte Kris' frühe Karriere sehr wohl zu einem großen Teil auf dem Mäzenatentum seines Vaters – allerdings als Privatperson. „Als Marketing-Tool hat er mich nie benutzt. Mein Vater war auf keiner einzigen Rallye. Allerdings war er schon stolz auf meinen Staatsmeistertitel, haben mir seine Freunde vom Golfplatz erzählt. Das war schön zu hören."

Diese Trennung behielt und behält Kris bis heute bei: Der Unternehmer ist vom Rennfahrer getrennt, einzige Ausnahme ist der Namensschriftzug an der hinteren Seitenscheibe, der seit ein paar Jahren bei seinen sporadischen Rückfällen in den Rallyesport die charakteristische Rosenberger-Typografie benutzt. Branchenfremde Sponsoren fanden sich im Lauf seiner Karriere dennoch immer wieder im Gastronomieumfeld: Henkell, Obi, Red Bull.

Was bedeutet Sponsoring für ihn, wen oder was sponsert Rosenberger, der Unternehmer? „Der, der Geld im Sponsoring ausgibt, muss eine gewisse Affinität haben zu diesem Sport. Sympathien und Image zählen mehr als reine Zahlen. Wer auf

Tennis steht, wird eher Tennis unterstützen als jemand, der auf Motorsport steht. Aber Gott sei Dank macht meine Schwester das Marketing in der Firma", lacht Kris. „Unser Sponsoring beschränkt sich auf lokale Kleinevents: Ausstellungen im Nahbereich von Raststätten zum Beispiel, ein bisschen klassische Werbung, aber wir machen eher Kooperationen als Sponsoring. Um es am Beispiel Motorsport, der eben gut zu einer Raststation passt, zu sagen: Warum sollte ich jemanden unterstützen, der schlechter ist als ich?"

Realismus aller Orten: „Es geht im Endeffekt darum, dass die Leute auf der Autobahn die eine Abfahrt länger fahren und bis zur nächsten Rosenberger-Station durchhalten. Dann habe ich mein Ziel erreicht. Meine Zielgruppe ist jeder, der es irgendwie in ein Auto schafft. Genau deshalb kann ich mich nicht speziell positionieren. Ich werde nicht ‚Raider heißt jetzt Twix' machen, nur weil sich eine schlaue Agentur das so ausdenkt. Früher hat die Reichweite der Autos die Menschen auf die Raststation gezwungen. Heute, wo Autos oft nur mehr alle 1000 km frischen Sprit brauchen, muss ich Argumente haben, warum die Leute von der Autobahn abfahren sollen. Manchmal sind wir, so unsexy es klingt, einfach das geringste Übel: Die Leute wollen von A nach B, aber sie brauchen Sprit oder was zu essen. Massives Sponsoring – in zum Beispiel Golf – würde mir da nur wenig helfen. Du kannst hier jeden beliebigen Sport einsetzen. Dieser Prozess braucht einfach Zeit."

Für Kris Rosenberger sind Rallyesportler keine Hochleistungssportler. Selbst bei Motorradfahrern tut er sich mit dieser Bezeichnung noch schwer, „auch wenn die Leidensfähigkeit von Dakar-Piloten vermutlich weltweit unerreicht ist. Ein Leichtathlet arbeitet ständig an seinem Körper. Ein Motorsportler tut das nicht. Allerdings sind die meisten Motorsportler universell einsetzbare Sportler: Die Formel-1-Fahrer Jenson Button oder Mark Webber, aber auch der österreichische Rallyepilot Achim Mörtl beispielsweise sind überdurchschnittlich gut beisammen und haben ein absolut beachtliches körperliches Niveau, selbst wenn es in ihrer eigentlichen Profession nicht auffällt."

Würde der Unternehmer Rosenberger einen Sportler bei einer Jobauswahl bevorzugen? „Einen aktiven nicht. Jeder Sport, wenn du ihn ernst betreibst, kostet Zeit und Konzentration. Unter Golfern heißt es nicht von ungefähr, dass sich das Handicap umgekehrt proportional zur Arbeitszeit verhält. Pensionierte Sportler hingegen nehme ich gern: Die haben den Ehrgeiz, sind belastbar, suchen eine Herausforderung, und vor allem: Sie haben verlieren gelernt. Die stehen wieder auf."

Jetzt, „im Alter", hat Kris einen neuen Sport entdeckt: das Mountainbike. „Es vereint die Trias der Eigenschaften, die Sportarten brauchen, um für mich interessant zu sein: Natur, Fitness, Adrenalin." Müßig zu sagen, dass er beim Downhill gelandet ist. In der Masters-Klasse der über 30-Jährigen bestreitet er regelmäßig Rennen, im Garten seines Hauses hat er eine Dirt-Line geschaufelt, außerdem springt er längst Backflips in die Schnitzelgrube. Bei der Staatsmeisterschaft 2009 hat er sich prompt die Bänder in der Schulter gerissen und grimmiges Comeback für die nächste Saison geschworen. Der wilde Hund, er ist wohlauf und hungrig.

Gerhard Zadrobilek

Fahrrad-Pionier und Motivationscoach

Gerhard ging einst als jüngster Gewinner der Österreich Radrundfahrt in die Radsportgeschichte ein. Das war 1981, und Gerhard war 19 Jahre alt. Damit war eine Zukunft als Radprofi praktisch vorgezeichnet. Es folgten neun Jahre als Straßenprofi mit dem Höhepunkt bei der Tour de France 1987: Zadi fuhr in Paris als 14. des Gesamtklassements über die Ziellinie auf den Champs-Élysées – eine österreichische Sensation. Zwei Jahre später, nach einer nicht nach Wunsch verlaufenen Tour de France, schlug noch einmal die große Stunde des Straßenprofis: Sieg beim Weltcuprennen in San Sebastian. Dieser Sieg änderte jedoch nichts mehr an der Tatsache, dass Zadi die Freude am Straßenradsport verloren hatte.

1990, nach neun Profijahren, hing das Rennrad am Nagel. Zu dieser Zeit war der Mountainbikesport gerade am Anfang seiner ersten Boomphase, es entstanden professionelle MTB-Teams, der Sport erlangte mit der neuen Weltcupserie internationale Bedeutung und bot großartige Möglichkeiten für neue sportliche Herausforderungen. Dank des lockeren Umfelds in der Mountainbikeszene verlängerte sich die Sportkarriere von Gerhard um fünf Jahre. Nach einem Weltcupsieg auf dem MTB kam auch hier zwangsläufig die Erkenntnis: „Radfahren macht entweder Spaß – oder krank. Ich wurde krank. 1995 habe ich nach einigen gesundheitlichen Problemen und langem Hadern endgültig das Handtuch geworfen. Die Zeichen waren eindeutig: Ich war mental nicht mehr bereit für den Sport und habe gemerkt, dass der Körper Nein sagte."

Dann ergab sich nahtlos die Möglichkeit, den MTB-Weltcup in der Veranstalteragentur AMC als Freelancer mit zu organisieren. Der Sommer war sehr intensiv, im Winter hingegen war genug Zeit für, wie es Gerhard nennt, „meine Blödheiten".

Nach zwei Jahren stand der nächste Schritt an: Hausbau auf dem 1990 in Laab im Walde bei Breitenfurt erworbenen Grundstück und Konzentration auf die Landwirtschaft, die sich bereits nebenbei im Aufbau befand. „Ich habe mir für mehr als zwei Jahre völlige Auszeit genommen und mein Haus gebaut. Vom Schlägern des Holzes im Wald von Franz Wittmann bis zum Aufbau des unteren Stockwerkes – ich habe das meiste alleine oder mit Unterstützung von Freuden und meinem Bruder gemacht."

Das Mountainbiken verbreitete sich zunehmend als Freizeitsport, nur erlaubte die österreichische Gesetzgebung damals kein legales Befahren von Forst- und Waldwegen. Gemeinden und Bundesländer waren schon aus touristischer Sicht gezwungen, Lösungen zu finden. So auch Niederösterreich. Michael Kuhn engagierte Gerhard als Testimonial für den MTB Atlas Wienerwald, für die Regionen Waldviertel und das südliche Niederösterreich arbeitete er operativ. Er erkundete das Gebiet, wählte geeignete Strecken aus, koordinierte Gemeinden, Waldbesitzer, Jäger und Forstverwaltungen, um einen Konsens für die Öffnung der MTB-Strecken zu erreichen. Das Projekt war sehr herausfordernd und eine gute Lernquelle. In dieser Zeit, so Gerhard, „bin ich wie die Jungfrau zum Kind zu einem Seminar bei einem Telekomunternehmen gekommen. Ich wurde gefragt, ob ich zum Thema Zielorientierung referieren könnte, und hatte vorerst keine Idee, was ich dort sagen sollte."

Bei der Erstellung des Seminardesigns leistete Werner Kuhn (Manager Rapid) entscheidende Inputs, der Aufbau sah eine Kombination aus Theorie und Praxis, also Erleben vor. Und Gerhard ließ sich einfach auf das Experiment ein (wie übrigens der Auftraggeber auch). Das Seminar startete mit der Schilderung gelebter Erfahrungen und klang mit einer Mountainbiketour zu einer Hütte und gemeinsamer Jause aus. Das Experiment gelang recht ordentlich, Auftraggeber und Seminarteilnehmer waren begeistert, Gerhard hatte Spaß dabei, Menschen zu bewegen, und sah die Möglichkeit, das künftig professionell betreiben zu können. „Was gibt es Schöneres, als mit Spaß Geld verdienen zu können?!"

Dann ergab sich die Begegnung mit Ferry Fischer und Christian Blaschke, damals die Geschäftsführer des Coaching-Instituts. Zu dritt gründete man das Mentalcenter für Management und Spitzensport, das, so Gerhard, „eine Totgeburt war, bei der ich mir etwas ausgenützt vorkam". Der nächste Schritt war eine Coaching-Ausbildung als Grundstein für die heutigen Seminarangebote, die jetzt eine sehr gute Dynamik haben. Der Fokus liegt einerseits auf Impulsreferaten, vor allem jedoch auf Seminaren zur Team- und Persönlichkeitsentwicklung. Die Inhalte umfassen Themen wie Zielorientierung, von der Vision zur Umsetzung, die Dramadynamik (Opfer-, Gestalterrolle), aber auch das Erkennen der eigenen Persönlichkeitsstruktur, um blockierende Faktoren auszuschalten und damit die vorhandenen Energien besser und zielorientierter nutzen und einsetzen zu können.

Welchen Beitrag hat der Sport auf dem Weg zum Seminaranbieter geleistet? Gerhard: „Der Sport hat mich gelehrt, Visionen zu haben, Wünsche mit aller Konsequenz, mit Glauben, Arbeit und Disziplin in die Realität umzusetzen und nicht beim ersten Widerstand aufzugeben, sondern erst recht weiterzumachen."

Zwangsläufig kommt auch das Thema Doping zur Sprache, das eigentlich auch ein Spiegel unserer Gesellschaft ist. Doping ist per Definition eine Regelverletzung, Schaffen eines Vorteils auf Kosten anderer. Hier drängen sich Analogien zu Bilanzskandalen, aber auch spekulativen Geschäften auf. Schneeballsysteme, wie sie von Bernard Madoff aufgezogen wurden, gehorchen ebenso der Systematik von Gier, Anerkennung und Status. Die Geisteshaltung dazu beginnt bei Kids, die Schularbeiten erschummeln, und setzt sich fort bis hin zu Golfern, die ihr Handicap erschwindeln, bis zu allen Wochenendhelden diverser Sportarten, die sich besser darstellen, als sie tatsächlich sind. Die extremen Auswüchse dieser Unkultur sind Wirtschaftskriminalität und -betrug auf der einen, Doping im Sport auf der anderen Seite.

Gerhard ist dem Sport irrsinnig dankbar. Am Beginn seiner Karriere musste das Training neben einem vollen Arbeitstag als Installateur Platz finden. Am Rennrad saß er erst am Abend. Das war oft sehr hart, brauchte viel Disziplin. Doch es hat geholfen, andere Dinge im Leben durchzuziehen, auch wenn das Know-how nicht immer vorhanden war und Defizite spürbar waren. Gerhard: „Der Sport gab mir ein gutes Rüstzeug und Werkzeuge; diese Werkzeuge haben mir geholfen, mich auf Unbekanntes einzulassen und Dinge umzusetzen. Auch jetzt im Coaching."

Bereits der griechische Philosoph Heraklith meinte, dass nichts permanent sei außer dem Wandel. Veränderung ist ein laufender Prozess, der einfach stattfindet, ohne dass wir gefragt werden. Doch persönliche Veränderung aus eigenem Antrieb braucht sehr oft körperlichen und mentalen Leidensdruck als Auslöser. Wenn der Leidensdruck erst einmal da ist, hat man als Exsportler die Hebel, um Veränderung glaubwürdig begleiten zu können. Gerhard: „In meinen Seminaren versuche ich mit gezielten Methoden, Dinge aufzuzeigen, Wahrnehmungen und Sinne dafür zu schärfen, was verändert werden will. Doch bei der Umsetzung scheitern dann sehr viele an der Disziplin und Konsequenz, die es bräuchte, um die Veränderung nachhaltig in das Leben einzuflechten und jahrzehntelang eingeprägte Verhaltensmuster zu durchbrechen."

Unterstützend im Prozess ist die Methode des Storytelling, das Reflektieren von Schlüsselerlebnissen aus dem Sport. Das Transformieren von Niederlagen in Erfolge. Wie damals bei der Tour de France 1988, mit der Möglichkeit, Paris unter den Top Ten zu erreichen. Doch eine Stallorder – Gerhard war zu diesem Zeitpunkt 11. des Gesamtklassements – verhinderte diesen Erfolg. Es war die letzte schwere Pyrenäenetappe, nur mehr 12 Mann Spitze. Dann kam die Order des Teamchefs, dass sich Gerhard zum Teamkollegen und Kapitän Steve Bauer, dem Vierten im Gesamtklassement, zurückfallen lassen müsse. Gerhard: „Damit bist du im Kopf sofort in der Opferrolle, und die raubt dir die gesamte Energie. Im Spitzensport lernst du geistige Gesetze kennen. Respektierst du diese, bist du vorne dabei. Wenn nicht, wirst du auf den Erfolg noch länger warten."

Die Gesetze auf dem Weg zum Ziel können auch als Bastelanleitung verstanden werden. Am Anfang stehen die Vision und das Erkennen des Sinnes und Nutzens. Dann braucht es eine gute Portion Glauben daran, es auch schaffen zu können, indem mitunter Grenzen gesprengt werden. Vor allem aber muss man bereit sein, seinen Beitrag zu leisten. „Der Schlüsselfaktor ist die mentale Orientierung ins Positive. Negative Orientierungen bringen nur Frustration und blockieren die Energie. Die Ausrichtung der Gedanken spielt eine entscheidende Rolle: die Konzentration darauf, was einer wirklich, wirklich haben will. Leider richtet die heutige Gesellschaft die Gedanken oft viel zu sehr darauf, was sie nicht will und vergisst dabei, darüber nachzudenken, was sie will."

Bei der Tour de France 1990 war das erklärte Ziel, in die Top Ten zu fahren. Doch bei einer der ersten schweren Bergetappen ging nichts mehr. Gerhard war froh, in der Karenzzeit anzukommen, und knapp daran, die Tour aufzugeben. Der Frust war groß, die Verlockung, die Heimreise anzutreten, noch größer. Doch letztendlich entschied er, die Tour als Training für die Herbstklassiker zu nutzen. Die Tour fertig zu fahren war nicht lustig, doch die Früchte der Qualen konnte er im Herbst mit dem Sieg beim Weltcupklassiker in San Sebastian ernten. Zadi: „Dieses Beispiel zeigt, dass es um den eigenen Beitrag geht. Dass man nicht jedes Ziel erreicht, ist klar. Die Frage ist: Wie gehe ich mit Misserfolgen um? Sind Misserfolge der große Feind, oder ziehe ich Nutzen daraus? Was kann ich aus dem Misserfolg lernen, um gestärkt herauszukommen?"

Gerhards Zielorientierungsanalogie: „Wenn du beim Kuchenbacken das Backpulver vergisst, wird der Kuchen ein Fladen bleiben. Wenn du bei der Verfolgung des Zieles deinen Beitrag nicht leistest, dann wirst du das Ziel nicht erreichen. Zum Erreichen der gesteckten Ziele braucht es Ausdauer und Durchhaltevermögen, Ehrgeiz, die Fähigkeit, nach Misserfolgen aufzustehen, daraus gelernt zu haben und es noch einmal zu probieren. Die Wirtschaft agiert und reagiert nach ähnlichen Gesetzmäßigkeiten wie der Spitzensport. Was Sportler jedoch viel intensiver erleben, ist, den Traum zu haben, etwas Nutzbringendes zu erreichen. Alles dafür zu tun, um Visionen real werden zu lassen und auf Belohnung, Anerkennung oder Wertschätzung hinzuarbeiten. Seinen Traum zu verwirklichen und zu leben, wobei Geld nicht die Motivationsgrundlage, sondern eine angenehme Begleiterscheinung ist. Daraus kann die Wirtschaft lernen. Dinge zu suchen, die überwiegend Spaß machen und einen Lustgewinn ermöglichen. Es geht um das Erkennen des eigenen, verfügbaren Energiepotenzials und der Eigenverantwortung, es auch einzusetzen."

Ein Antrieb war, so Gerhard, sicher auch die „Horrorvision, aus dem Profisport aussteigen zu müssen und nicht genug Geld zu haben. Gezwungen zu sein, irgendeinen Job machen zu müssen. Das erzeugte einen hohen, selber produzierten Leidensdruck und führte im letzten Jahr der Sportkarriere zu psychosomatischen Krankheiten wie Schulterverspannungen bei Flugreisen oder Magenproblemen."

In dieser Zeit begann die Beschäftigung mit Spiritualität. Er las Bücher wie „Krankheit als Weg" von Thorwald Detlefsen / Ruediger Dahlke oder solche über Zenbuddhismus, nutzte die Zeit zum persönlichen Wachstum. Zwangsläufig kam die Frage aller Fragen des Weges: Worum geht es eigentlich im Leben? Gerhard: „Mir ist hier eine Botschaft des Dalai Lama in Erinnerung: Die westliche Welt hat erkannt, dass sie im Konsum nicht das Glück findet. Wann also schlägt sie einen anderen Weg ein?"

Zadis sportliche Erfolge sorgten dafür, dass er sich den Kindheitstraum von der eigenen Landwirtschaft mit dem Aufbau der Zucht Schottischer Hochlandrinder erfüllen konnte. Doch langfristig war es zu wenig Herausforderung, den „Rindern den ganzen Tag beim Fladen ablegen zuzuschauen".

Daher hat er sich neue Ziele gesteckt, neue Herausforderungen und Aufgaben gesucht. Denn es braucht Erfolgserlebnisse im Leben. Wenn die fehlen, fehlt auch die Orientierung. Heute schöpft er seine Erfolgserlebnisse daraus, Menschen zu bewegen, zum Nachdenken anzuregen, einen Beitrag in den Seminaren zu leisten, dass Dinge zum Besseren gestaltet werden. Und neuerdings auch aus der Aufzucht von Kobe-Rindern. Das gelingt, macht ihm Freude. Und noch etwas hat er vom Sport ins neue Leben mitgenommen: „Nämlich den Gegensatz würdigen: 100 Prozent geben beim Seminar, dann nach Hause kommen, die Beine hängen lassen und die Ruhe genießen."

Thomas Futterknecht

Hürdenläufer und Unternehmenstrainer

Alles begann im Waldviertel, im kleinen Ort Mühldorf. Dort, wo es immer kalt und die nächste Großstadt eher weit weg ist. Die bäuerliche Gegend prägt die Menschen, Sport ist eher weniger Teil der Regionalkultur. Vielmehr kann man verstörte Gesichter erkennen, wenn einer der ihren so etwas wie Sport betreibt. Von dort kommt Thomas Futterknecht, einer, der den Hürdenlauf vom Waldviertel aus für sich entdeckt hat. Aber nicht sofort.

Thomas drückt das so aus: „Wenn dort damals jemand untertags laufen gegangen wäre, hätte man ihn gefragt, ob der deppert geworden ist oder arbeitslos (oder beides)."

Als Thomas 10 Jahre alt war, wurde im Ort ein Karateklub gegründet. Die erste Berührung war eher zufällig als geplant. Bruce Lee war cool, daher war Karate cool. Die Kids der umliegenden Ortschaften strömten in Scharen zum Training. Bevor es jedoch mit tatsächlichem Karate zur Sache ging, war ein halbes Jahr körperliche Grundausbildung angesagt. All jene, die schnell Karate lernen wollten, um bei der Wirtshausrauferei vorne dabei zu sein, sprangen wieder ab – so blieben von 70 Anfängern nur 10 Trainingswillige über. Thomas war der Jüngste von ihnen. Der Trainer war dahingehend prägend, als er nicht zwischen jünger und älter unterschied, im Gegenteil: Er trieb vor allem die jüngeren Kids an, das Trainingspensum durchzuhalten, so auch Thomas. Trotzdem machte das Training Spaß; Beweglichkeit, Geschicklichkeit und Kondition stellten sich ein. Dem Klub, und damit dem Trainer, blieb Thomas bis zu seinem 17. Lebensjahr treu. Durch den HTL-Besuch in Krems und das tägliche Pendeln konnte er das Training irgendwann nicht mehr aufrechterhalten. Zudem war Krems damals eine Handballhochburg, und man wollte Thomas für diesen Sport begeistern. Aber nach einigen Spielen in der Schulmannschaft war klar, dass Handball nicht der bevorzugte Sport war.

In seiner neuen Schule wurde Sport gefördert, die Schule nahm regelmäßig an Wettkämpfen teil. Thomas: „Ich war nicht sonderlich auffällig, durch das Training im Karateklub aber auf einem gewissen sportlichen Grundniveau."

Für den Schüler-Vergleichskampf wurden für den Hundertmeterlauf vier Läufer flach und vier für den Hürdenlauf gesucht. Der Sportlehrer erkannte, dass Thomas nicht nur beweglich, sondern auch schnell war und damit ideale Voraussetzungen für einen Hürdenläufer mitbrachte. Thomas:

„Wie geht Hürdenlaufen? Ich wusste, dass ein Fuß vorne sein musste. Mit diesem Wissen bin ich eben Hürden gelaufen." Die Staffel wurde Schullandesmeister, dann ging es weiter zu den Schulstaatsmeisterschaften.

Über einen HTL-Kollegen kam Thomas zum Leichtathletikverein St. Pölten und bestritt dort Wettkämpfe. Durch die zeitaufwändige schulische Ausbildung blieb kaum Zeit fürs Training. Regelmäßige Einheiten waren nur im Sommer möglich, am Abend während der Ferialpraxis in St. Pölten. Dieser „antizyklische Trainingsaufbau" sorgte für eine gute Wettkampfform im Herbst, am Saisonende, wo alle anderen schon müde waren. Der Weg zum 400-m-Hürdenlauf, der späteren Paradedisziplin von Thomas, führte über den Trainer in St. Pölten. Er erkannte, dass 400 m dem Naturell von Thomas sehr entgegenkamen. Diese These bestätigte sich gleich beim ersten 400er-Hürdenlauf mit einer Zeit von unter 53 Sekunden. Das motivierte ihn, noch schneller zu sein. Doch beim dritten Lauf hat jemand, so Thomas, „bei 350 Meter den Vorhang zugezogen; mir wurde schwarz vor Augen und ich wurde auf der Bahre wieder munter. Das war die Konsequenz von viel Wollen, doch wenig Können."

In weiterer Folge wurden die Grundlagen, vor allem aber die Technik weiter ausgebaut. Die Kunst beim Hürdenlauf ist die Schrittabfolge zwischen den Hürden, das richtige Timing. Dann der erste richtige Wettkampf, die niederösterreichischen Landesmeisterschaften, bei denen Thomas den bestehenden Landesrekord gleich um über eine Sekunde verbessern konnte. Ergo: „Das dürfte die richtige Disziplin für mich sein."

Nach der Matura war für Thomas klar, dass er in die Baubranche gehen würde. Mit einem Bauunternehmen hatte er bereits alles geregelt. Doch dann kam 1982 das überraschende Angebot, als HSNS-Soldat in das Bundessportzentrum Südstadt aufgenommen zu werden. Thomas sagte zu und trainierte erstmals in seinem Leben regelmäßig, mit Plan und strukturiert. Von praktisch null auf 14 Einheiten pro Woche, an der absoluten Belastungsgrenze, knapp vor einem Übertraining. Die Trainingsgruppe mit Michael Koch und Klaus Gulle motivierte. Thomas konnte seine Zeit im ersten Jahr von 53,20 auf 50,11 Sekunden verbessern und traf die Entscheidung, noch länger beim Sport zu bleiben. Sein österreichischer Rekord von 49,33 Sekunden, aufgestellt bei der Universiade 1985 in Kobe, hat heute noch Gültigkeit.

Die Zeit pendelte sich bei plus/minus 50 Sekunden ein. Thomas' enorme Konstanz basierte auf sehr guten technischen Fähigkeiten, gepaart mit einem ausgeprägten Rhythmusgefühl. Die 35 Meter zwischen den Hürden müssen genau mit der Schrittfolge zusammenpassen, und das in Abhängigkeit von äußeren Bedingungen wie Rückenwind, Gegenwind, Kälte, Hitze, aber auch guter oder schlechter Tagesverfassung; es gehört extrem viel Routine und Erfahrung dazu, diese Parameter einigermaßen so steuern zu können, dass konstante Zeiten realisierbar sind.

Thomas: „Ich habe das Potenzial, das in mir gesteckt ist, sicher voll ausgenützt. Ich war Vierter bei der EM, habe an WM und Olympischen Spielen teilgenommen, Europacup-Rennen gewonnen. Doch irgendwann beginnt man nachzudenken, was noch möglich ist. Vor der Saison 1988 begann ich zu analysieren: der 400-m-Hürdenlauf besteht aus 400 m und den Hürden. Wie schnell bist du auf 400 Hürden? 49,33 Sekunden. Wie schnell bist du auf 400 m ohne Hürden? 46,5 Sekunden. Der Unterschied beträgt weniger als drei Sekunden, das ist absolute Weltklasse. Das bedeutet, du bist genial im Rhythmus und der Technik beim Hürdenlauf. Andersherum bedeutete das aber auch, dass ich mein Potenzial ausgeschöpft hatte und anstand."

Im Hinblick auf Olympia 1998 in Seoul analysierte er weiter: „400 m läuft man nur schnell, wenn man eine gute 200-m-Zeit hat. Meine Bestzeit war 21,90 Sekunden. Mit dieser Zeit auf 400 m 46,50 zu laufen, bedeutet gute Schnelligkeit und hohes Stehvermögen, gepaart mit ausgeprägtem Laktat-Toleranzvermögen. Mein höchster Wert war 25,8 mmol und die Erkenntnis: Auch da geht nichts mehr. Die Fähigkeit des Körpers, mit Milchsäure umzugehen, ist ausgereizt. Die Analyse der 100-m-Bestleistung ergab 10,99 vs. 21,90 auf 200 m. Auch diese Relation zeigt, dass nichts mehr drin ist. Daher musste ich aufgrund der Analyse für Olympia 1988 in Seoul probieren, schneller zu werden, alles auf eine Karte zu setzen. Auch, weil das Qualifikationslimit mit 49,0 illusorisch war, wenn man bedenkt, dass meine 49,33 Sekunden die drittschnellste Zeit in Europa bedeuteten. Das Ziel war also, Schnelligkeit und Kraft zu verbessern, die Stärken jedoch beizubehalten. Das Ergebnis war, dass ich langsamer war und meine Stärken verlor, aber die Gewissheit gewann, alles versucht zu haben und das, was in mir steckte, 100 %ig genutzt zu haben. Kein Wunder, dass ich mich danach nicht mehr motivieren konnte."

Mit dem Trainer wurden mehrere Varianten diskutiert, Stärken wieder betonen, auf längere Distanzen gehen – alles nicht motivierend. Somit war klar, den Sport zu beenden. Rational begründet aus der Analyse der sportlichen Situation, mit dem Gefühl, nichts versäumt zu haben. Und dann drei Jahre kein Sport, wegen Übersättigung.

Hier beginnt Thomas Futterknechts Wirtschaftskarriere im aufstrebenden Wirtschaftszweig IT. Die Basis war die berufliche Weiterbildung beim Heer und das Erlernen von Programmiersprachen. Vor dem Rechner zu sitzen war jedoch nicht das, was Thomas begeistern konnte. Er stieg daher vorzeitig aus der beruflichen Weiterbildung aus und begann mit dem Verkauf von Hard- und Software. Dazu kam der Bereich Arbeitskräfteüberlassung im IT-Bereich, zur Abdeckung kurzfristiger Bedarfsspitzen bei IT-Projekten in Firmen. Nach drei Jahren wurde ihm die Firma zu eng, er fand zu wenig Entwicklungsmöglichkeiten im Vierzig-Mitarbeiter-Betrieb vor: „Da wusste ich, es ist Zeit für Veränderung."

Bei der Lektüre der Karriereseiten in der Tageszeitung stach ein Inserat ins Auge: Gesucht wurde ein Verkaufsleiter für die Sparte Tele-Kommunikation. Thomas bewarb sich und wurde genommen. Und das, obwohl er keine Ahnung von der Branche hatte. Die Entscheidungskriterien seines neuen Arbeitgebers für den ehemaligen Olympiasportler waren seine Sportvergangenheit, die Erkenntnis, dass das Umfeld nicht stabil bleiben würde und dass Veränderungsbereitschaft künftig eine größere Rolle spielen würde. Darüber hinaus harrten einige von Vorgängern hinterlassene Problemfelder einer Bewältigung; neuer Drive war explizit erwünscht.

Die Karriere verlief sehr schnell: Einstieg als Gebietsverkaufsleiter, nach sechs Monaten die Verantwortung für eine kleine Gruppe, nach drei Jahren Vertriebsleitung einer Region mit 35 Vertriebsmitarbeitern und bald darauf zusätzlich die Leitung des Key-Account-Vertriebes. Thomas beschreibt diese Zeit als sehr positiv, mit enormen Lernerfahrungen. Doppelt wertvoll waren einerseits die Sportlervergangenheit, andererseits die Erfahrung aus dem vorigen Job, der sehr dienstleistungsorientiert war. Denn mit dem Technologiewandel in der Telefonie von analog zu digital erfolgte der Shift von der Hardware- hin zur Dienstleistungsorientierung. Dies bedeutete, dass die Erfahrungen aus dem analogen Geschäftsmodell in der digitalen Welt nicht oder nur kaum anwendbar waren. Für viele Kollegen waren die Erfahrungen der Vergangenheit genau das Problem in der Zukunft, ein negativer Aspekt von Erfahrung und Routine. Thomas: „Ich war zur richtigen Zeit am richtigen Ort."

Der Aufbau bzw. Umbau des Key-Account-Vertriebes ging dann bis an die Belastungsgrenze. „Im Kopf habe ich sicher 2 Jahre durchgearbeitet." Mit allen Konsequenzen, wie wirren, nicht mehr ordenbaren Gedanken mitten in der Nacht, Schlafstörungen und gedanklicher Abwesenheit trotz physischer Anwesenheit.

Es war Zeit, über Veränderung nachzudenken, bevor jemand anders auf diese Idee kam, eventuell sogar der eigene Körper.

„Ich wollte und konnte zu diesem Zeitpunkt nicht mehr der Frontrunner sein, mit einem stets offenen Ohr für die Mitarbeiter, der unerschrockene Pacemaker. Doch was tun? Wie sollte ich mit dieser Situation umgehen? Was wollte ich wirklich? Ich wusste, ich musste etwas ändern, mein Leben konnte nicht ewig so weitergehen. Es war nicht so leicht, den Job aufzugeben, das gute Salär, den sozialen Status."

Die Annäherung an die neue Herausforderung erfolgte analytisch; Stärken und Schwächen wurden betrachtet und analysiert, danach gezielt nach jenem Betätigungsfeld, das die meiste Freude machte, geforscht.

Und das war verkaufen, beraten, mit Kunden Probleme erörtern und passende Lösungen finden. Eine weitere Erkenntnis: Meine Stärke ist basierend auf Erfahrungen aus dem Sport das Arbeiten mit Metaphern. Ich kann Menschen führen, coachen, sie neu ausrichten und auf dem Weg zur Selbsterkenntnis unterstützen. Die Kombination aus Erfahrungen aus dem Sport mit Verkauf und Beratung fühlte sich für Thomas als stimmige Kombination an. So spannte sich der Bogen zu UPA Management & Training, wo Thomas seit 2001 Partner ist. Das Unternehmen beschäftigt sich mit der Weiterentwicklung von Vertriebsorganisationen im IT- und Telekom-Markt.

Die Erfahrungen aus dem Sport sind sehr stark in die Entwicklung neuer, innovativer Beratungsprodukte eingeflossen. Thomas: „Sehr hilfreich für mich war die Aufbereitung der sportlichen Vergangenheit. So konnte ich Verbindungen schaffen zu dem, was ich jetzt mache. Durch Nachbetrachtung wurde mir erst jetzt vieles bewusst."

So lief Thomas zum Beispiel über Hürden, ohne viel über den Bewegungsablauf nachzudenken. Doch um dazu in der Lage zu sein, muss sehr viel im Vorfeld passiert sein. Jahrelanges hartes Training, das Verinnerlichen des Bewegungsablaufes, die Vision, wie es gehen kann. Thomas erkennt in der Wirtschaft, dass sich Unternehmen nicht vorbereiten, kaum Überlegungen anstellen, die notwendigen Fähigkeiten nicht erwerben. Und dann stehen Firmen vor einem Hindernis und wollen auf einen Schlag die goldene Idee haben, wie man das Hindernis elegant bewältigen kann. Freilich geht das nicht. Thomas: „Man sieht nur den Sprinter, der in Rekordzeit die 100 Meter bewältigt und viel Geld dabei verdient, für weniger als zehn Sekunden Anstrengung. Kaum jemand macht sich Gedanken darüber, wie wenige das überhaupt schaffen und was die alles dafür tun mussten, um überhaupt an den Start des Zehn-Sekunden-Rennens zu gelangen."

Thomas verwendet folgende Metapher: „Ziele und Herausforderungen stelle ich gerne als Berg dar. Der erste Schritt ist, sich klar zu werden, ob es überhaupt der richtige Berg ist, auf den man hinauf muss, ob die Zielwahl passt. Wenn das Spiel ‚Bergsteigen' ist, dann muss ich, bevor ich über die Höhe des Berges diskutiere, die Frage beantworten, ob ich überhaupt ein Bergsteiger bin. Macht mir denn Bergsteigen grundsätzlich Spaß? Gibt mir das etwas? Es wäre falsch, sich mit einem Berg, mit einem Ziel zu beschäftigen, wenn du erkennst, dass Bergsteigen nicht dein Fall ist. Gerade in der Vertriebsveränderung von einem wachstumsorientierten in einen gesättigten Markt ändern sich die Regeln – also die Berge – dramatisch. Das eine war das Erfüllen einer Anforderung: Du brauchst, ich habe. Schnell sein, fleißig sein, motiviert sein, das sind die Tugenden des Verkäufers. Der gesättigte Markt wartet mit ganz anderen Herausforderungen. Man muss Bedarf schaffen. Vorbereitung ist essenziell. Der Berg ist ein anderer, zumindest hat sich die Wetterlage dramatisch verschlechtert, es ist kalt geworden, Nebel fällt ein, die Orientierung fällt schwer. Andere Fähigkeiten und Kompetenzen sind gefordert. Doch viele sind keine Bergsteiger und wollen es sich auch nicht eingestehen – das würde nämlich Veränderung bedeuten. Und das ist oft mühsam. Zum Ausdruck kommt das oft mit der Phrase ‚Ich würde eh gerne, aber …' Oft ist das Abschieben der Selbstverantwortung. Oft sind dann tausend Dinge schuld, nur nicht die betreffende Person. Der Berg ist zu hoch (= der Mitbewerb zu stark), das Wetter zu schlecht (= die Vorbereitung war nicht gut), der Bergführer kennt sich nicht aus (= der Chef gibt falsche Anweisungen). Erst wenn man die Fragen, ob man überhaupt Bergsteiger ist und ob der Berg der richtige ist, bejaht hat, kann man die Strategie, wie der Berg zu bezwingen ist, diskutieren. Wie schaut es da oben aus? Was bedeutet es konkret, genau welches Ziel soll erreicht werden?"

In der Praxis erlebt man oft, dass man sich bereits vorab sehr intensiv mit dem Gipfel beschäftigt, mit der Bewältigung der letzten hundert Höhenmeter. Die Protagonisten haben sich jedoch noch keinen Millimeter bewegt und glauben doch schon zu wissen, warum die letzten hundert Meter nicht möglich sind.

Kraft der eigenen sportlichen Biografie verwenden Sportler verschiedene Wörter, die prägend sind, wie zum Beispiel „können" oder „wollen". Für Thomas hat das Wollen eine eigene Färbung, daher wurde daraus das „Zielwollen". Denn wollen tun viele. Viele wollen auf den Gipfel, wollen gewinnen – damit ist immerhin Wohlstand, Status und Anerkennung verbunden. Nach dem Wollen stellt sich zwangsläufig die Frage des Könnens, nach den Fähigkeiten, die gebraucht werden, um vom Wollen zum Tun, zur Realisierung zu kommen. Eine Analyse der Fähigkeiten und Kompetenzen steht an: Was kann ich bereits, was brauche ich, was muss ich mir aneignen, wie sehr bin ich bereit, an mir zu arbeiten, Neues zu lernen? Welche Teile muss ich stärken, oder liegt das Ziel überhaupt außerhalb meiner Reichweite? Dieser Wille, an der Verbesserung der notwendigen Fähigkeiten zu arbeiten, hat allerdings eine andere Bedeutung als nur das Zielwollen. Jetzt gehts ums **Tun!**

„Ich erlebe bei meiner Arbeit tagtäglich, dass viele Leute sehr hohe Ziele haben, vor Hindernissen stehen und diese mit Wollen zu bezwingen versuchen. Immerhin gibt es ja das Sprichwort, dass der Wille Berge versetzt. Doch ohne Fähigkeiten wird das immer gefährlich. Also geht es darum, die Fähigkeiten zu trainieren. Und genau das macht ein Sportler permanent, um sich unter den Blicken von Tausenden Zusehern sagen zu können: Ich kann es. Ich bin in der Lage, unter schwierigsten Bedingungen mein volles Leistungsvermögen innerhalb vorgegebener Rahmenbedingungen abzurufen. Im Hürdenlauf kann ich auch nicht einfach den Abstand der Hürden verändern, dass er besser zu meiner Schrittfolge und meinem Rhythmus passt."

In Firmen geht ein Großteil der Energie mit Beschäftigung von Dingen, die nicht diskutierbar sind, verloren. Die Frage ist, ob die Menschen in einem Unternehmen bereit sind, die Rahmenbedingungen zu akzeptieren und sich auf die Optimierung der Prozesse innerhalb der Spielregeln zu konzentrieren. Ein ebenso interessantes und zentrales Thema ist das Übernehmen von Verantwortung. Teilweise sind Mitarbeiter nicht bereit, Verantwortung für große Dinge zu übernehmen, sie fühlen sich dafür verantwortlich, das, was ihnen aufgetragen wird, bestmöglich zu erledigen. Wenn dann die Ziele nicht erreicht werden, fühlt sich keiner zuständig, denn jeder hat ja genau das getan, was ihm gesagt wurde. Ein alternativer Weg wäre, Vorschläge an Stellen, die etwas verändern können, zu unterbreiten, Verantwortung zu übernehmen und einen positiven Beitrag zur Weiterentwicklung respektive Veränderung zu leisten.

Thomas: „Ich erlebe bei den Beratungen oft – wahrscheinlich auch aufgrund von Erfolgsdruck –, dass versucht wird, aus dem Stand in den vierten Stock zu springen. Das geht nicht. Wenn man gut trainiert ist, kann man die Strecke schnell zurücklegen, zwei bis drei Stufen auf einmal nehmen, den Weg aber muss man unweigerlich gehen. Im Sport kann ich auch nicht immer das Endprodukt, den 400-m-Hürdenlauf, trainieren. Der 400-m-Hürdenlauf wird in Teilprozesse zerlegt, die dann trainiert werden: Ausdauer, Schnelligkeit, Koordination, Technik und Schrittfolge. Jeder Teilprozess ist ein Mosaikstein eines Ganzen, jeder Stein muss optimal auf das Ziel 400-m-Hürdenlauf ausgerichtet sein. Wenn das im Sport nicht gelingt – wie oft in der Wirtschaft erlebt –, dann arbeitet man hart, wird jedoch nicht besser. Firmen, die so aufgestellt sind, sind trotz enormer Anstrengungen im Stillstand gefangen und drehen sich im Kreis, die Räder greifen nicht korrekt ineinander."

Die hilfreichsten Erfahrungen aus dem Sport waren für Thomas nicht Schlagworte wie Zielorientierung oder Disziplin, sondern die Frage nach dem Berg zu stellen und zu akzeptieren, dass der Berg und das Gipfelkreuz von unten eher nur unscharf erkennbar sind. Der Sport hat ihn gelehrt, den Gedanken ans Gewinnen wegzuschieben, kleine Einheiten abzuarbeiten und den nächsten Schritt mit hundertprozentiger Energie umzusetzen. Der Sieg kommt dann als Konsequenz der optimalen Arbeit von selbst. Das Problem in der Wirtschaft ist, dass sich die Menschen von den hohen Zielsetzungen, den großen Herausforderungen, vor denen sie stehen, lähmen lassen. Wenn alle Hürden eines 400-m-Laufes übereinandergetürmt werden, ergibt das eine unüberwindbare Megahürde.

Doch aufgeteilt auf 400 m kann man die eine nach der anderen überspringen. Und: Je besser die Fähigkeiten ausgebildet sind, desto schneller und effizienter kann man Probleme lösen, mit voller Energie für den nächsten Schritt. Man braucht das große Ziel, um sich in die richtige Richtung zu bewegen und um Fortschritte messen zu können.

Helmut A. Gansterer zitiert in seinem Buch „Der neue Mann von Welt" (Molden Verlag 2008, Seite 202) Thomas Bubendorfer zum Thema „Der Weg ist das Ziel" mit folgenden Worten: „Was einzig zählt, ist die Qualität des nächsten Schrittes."

Denn genau dieser nächste Schritt ist es, der den übernächsten erst ermöglicht. Und wer am Berg nicht aufpasst, macht im schlimmsten Fall keinen nächsten Schritt mehr.

Thomas: „Mit dem Fokus auf den nächsten notwendigen Schritt, die nächste machbare Einheit, waren selbst härteste Trainings möglich." Damit steigt auch das Selbstvertrauen in die eigene Leistungsfähigkeit. „Diese Strategie ist für mich auch im Beruf extrem hilfreich."

Die emotionalen, klaren Botschaften aus dem Sport sind sehr gut geeignet, für viele Problemstellungen in Unternehmungen Lösungsinspirationen zu liefern. Der wichtigste Aspekt und die Basis jeder Veränderung ist dabei sicher, dass man sich selber besser kennenlernt und sich und seine Umwelt realistisch einschätzen kann, ohne rosarote Brille und ohne Selbstbetrug.

Wolfgang Fasching

Langstrecken-Spezialist und Alpinist

Wolfgang Fasching geht kompromisslos seinen Weg und bringt sich auf seiner Reise immer wieder ans Limit. Obwohl ihm Bewegung schon immer wichtig war, kam er erst relativ spät zum Leistungssport. Die ersten Radrennen in der Hobbykategorie bestritt er im Alter von 18 Jahren, nach einer Maler- und Anstreicher-Lehre und während der Lehre zum Einzelhandelskaufmann. Rasch stellten sich erste Erfolge ein, und so stieg Wolfgang in die österreichische Amateurliga auf. Neben dem Sport legte er die Meisterprüfung ab und übernahm mit seiner damaligen Frau den Spar-Markt der Schwiegereltern, den sie gemeinsam zehn Jahre lang betrieben.

Der Stellenwert des Sports in seinem Leben wurde stetig größer, eine Orientierung hin zum Langstreckensport kristallisierte sich zunehmend heraus. Damals gab es allerdings kaum Langstreckenbewerbe, und Wolfgang musste einige Zeit geeignete 12- bis 24-Stunden-Rennen suchen. Im Waldviertel bestritt er schließlich das erste 12-Stunden-Radrennen und war im Nachhinein fasziniert, wie leicht ihm das vorgekommen war: „Ende September 1991 habe ich mich um 07.00 Uhr in der Früh an den Start zu diesem Bewerb gestellt, es war saukalt, neben mir damalige bekannte Radfahrer wie Herbert Meneweger oder einer der Popp-Brüder. Ich hatte nur eine Trinkflasche und einen Marsriegel als Verpflegung und habe das Rennen mit über zwei Runden Vorsprung gewonnen."

Die Anziehungskraft des Race Across America wurde immer größer. Die primäre Frage war nicht, so Wolfgang, „ob ich es schaffe. Mir war klar: Ich fahre mit! Mich interessierte nur, was ich dafür tun musste, um als Starter nach Amerika zu kommen."

Wie man heute weiß, schaffte es Wolfgang nach Amerika, und das nicht nur ein Mal: Acht Teilnahmen, acht Podiumsplätze, davon drei Siege, das ist seine eindrucksvolle Bilanz. Auf die Frage, wie denn das ginge, meinte Wolfgang zu Journalisten: „Ich will das eben, und ich kann es." Das las sich natürlich griffig.

Später, in der Reflektion, unterstützt durch einen Coach, stellte sich Fasching selber die Frage, warum gerade er dazu befähigt war, Langstreckenspezialist zu sein. Der Kern dazu war die mentale Leistungsfähigkeit, das „Feuer im Kopf", wie es Wolfgang beschreibt. Und diese Erkenntnisse hat er in seinem ersten Buch mit genau diesem Titel niedergeschrieben: „Feuer im Kopf".

Darin zeigt er auf, dass das innere Feuer, die Fokussierung auf ein Ziel, der Treibstoff für diese Leistungen sind, die für Wolfgang relativ leicht machbar waren, für Außenstehende jedoch verrückt erscheinen mussten.

Im Jahr 2000, nach fünf Teilnahmen am Race Across America und zwei Siegen, stellte sich die Frage: Was gibt es sonst noch? Wolfgang dachte nach und fand in sich ein weiteres altes Ziel, nämlich die Besteigung des Mount Everest. „Wir waren anfangs eine große Gruppe, die immer sagte, irgendwann gehen wir auf den höchsten Berg der Erde. Tatsächlich getan habe es nur ich. Ich war der Einzige, der bereit war, diesen enormen Aufwand, das Training durchzuziehen, denn Berge haben mich immer schon fasziniert, schon als Radfahrer, seit ich über das Stilfserjoch gefahren bin. Mein Motto ist: Lerne von den Besten. Du musst nicht alles selber erarbeiten, sondern nur draufkommen, wie es geht. Ich nehme Spezialisten (in diesem Fall einen Bergführer, der mir alles zeigt); dann trainiere ich danach und kann es für mich individuell verbessern. Ich denke, dass es in der Wirtschaft nicht anders ist: Man schaut sich etwas an, lernt und adaptiert für sich, kopiert nicht. Im Sport funktioniert Kopieren nicht. Jeder muss seinen eigenen Weg gehen. Geht er ihn konsequent, wird er damit Erfolg haben."

Die Basis dafür sind Ziele, die man aktiv für sich suchen muss. Als Wolfgang 2007 seine Karriere beendete, traten viele Leute mit den unterschiedlichsten Ideen an ihn heran, diskutierten, was er machen, was seine nächsten Ziele sein könnten. Doch da war nie etwas dabei, von dem Wolfgang überzeugt war. „Plötzlich habe ich angefangen, über die Seven Summits* nachzudenken, und das Projekt nahm konkrete Formen an. Die Umsetzung von zu- oder herangetragenen Zielen funktioniert bei mir ganz schlecht bis gar nicht. Ich merke gleich: Das wird nichts. Die klare Vision von dem, was ich will, ist mein Motor, ist meine Antriebskraft."

Um all diese Projekte umsetzen zu können, braucht es Unterstützung von Sponsoren wie Wiesbauer, einer Firma, die Wolfgang bereits als Radamateur unterstützte. Sie begannen klein und sahen, dass Wolfgang langfristig erfolgreich war, vollen Einsatz zeigte und auch in schwierigen Situationen durchhielt und nicht im klassischen Sinne einfach ein Logo „irgendwo draufpickt", sondern die Zusammenarbeit als Partnerschaft versteht, für die beide Seiten etwas tun müssen. Und der sich darum kümmert, dass er den Sponsor auch medial präsentiert, und das nicht nur im Kontext Sport.

Die Grundthesen, die Wolfgang aus dem Sport ableitet, können für die Wirtschaft ebenso passend sein. Das Wichtigste sei, Begeisterung für das, was man mache, aufzubringen, es zu leben und ständig zu hinterfragen, ob es denn auch Spaß bringt. Man sollte den Job lieben und nicht das machen, was vordergründig mehr Geld bringt. Wenn dies erfüllt ist, so Wolfgang, „werden auch Mitarbeiter und Partner spüren, dass das, was gemacht wird, auch wirklich gelebt wird. Damit ist man nahe an der Motivation. Ein weiterer wichtiger Aspekt ist, sich auf veränderte Situationen einzustellen und in unweigerlichen Veränderungen immer wieder neue Chancen und Möglichkeiten zu erkennen. Und: Von nichts kommt nichts. Wenn ich mehr leisten will als der andere, muss ich bereit sein, die Komfortzone zu verlassen, mehr dafür zu tun. Oft wollen wir mehr, aber wehtun darf es nicht; wir sind nicht bereit, das notwendige Maß an Energie zu investieren."

Wolfgang trainierte richtig viel und hart, arbeitete neben dem Sport immer und absolvierte Ausbildungen: die Fachakademie für Handel, die Pilotenausbildung oder den 5-semestrigen Uni-Lehrgang zum Akademischen Mentalcoach, den er über die Uni Salzburg absolvierte und im März 2009 erfolgreich abschloss. Dabei musste auch er seine Komfortzone verlassen, denn es galt, viele Stunden, Prüfungen und Aufgaben zu erledigen. Dennoch: Es machte Spaß.

Zu den Erfahrungen aus dem Sport, die Wolfgang als Manager anwenden würde, meint er, dass er in die Verflechtungen der Wirtschaft keinen Einblick habe. Aber: „Die Menschen müssen darauf schauen, dass sie ihre Leistung langfristig bringen können, ohne dabei auszubrennen. Die Phasen von Be- und Entlastung müssen respektiert werden. Man soll Mensch bleiben und dafür sorgen, dass es einem gut geht, indem Denkweisen dem Job gegenüber positiv gerichtet sind und man nicht dem Irrtum unterliegt, mit noch mehr Arbeit automatisch weiter kommen zu können: Das funktioniert ganz selten. Vor allem muss man aber darüber nachdenken, dass die Krankheitssymptome von Burn-out und Depressionen enorm zunehmen. Noch mehr Gier lässt sich irgendwann nicht mehr ausgleichen. Asymmetrien in Wertesystemen kosten Energie. Wertschätzung und ehrliches Lob kommen oft zu kurz, Geld funktioniert auf Dauer nicht als Motivationsfaktor. Das Denken in Hierarchien gehört nivelliert – jeder Mensch sollte gleich viel wert sein. Die Mitarbeiter sollen sich fühlen wie eine Mannschaft, die miteinander, nicht gegeneinander spielt. Wie beim Race Across America – wenn ich hier den Arzt als wichtigsten Teil der Mannschaft herausstreiche, wird beispielsweise der Mechaniker nicht motiviert sein, seinen Beitrag optimal zu leisten. Sprache ist enorm wichtig – wie kommuniziere ich mit jemandem? Die Qualität der Gedanken ist die Basis für eine positive Herangehensweise, die Beschäftigung damit, was man spüren und erleben will. Ein möglicher Weg dazu ist, diese Gedanken aufzuschreiben, bewusst zu machen und damit ins Unterbewusstsein zu bringen. Denn der Mensch ist das Produkt seiner Gedanken: Wie er denkt, so spricht und handelt er. Zu meinen Gedanken habe nur ich Zugang und Einfluss. Natürlich beeinflusst mich die Umwelt auch – doch was ich tatsächlich mache, kann nur ich entscheiden. Das braucht Disziplin in der Gedankenwelt, ähnlich der Disziplin, die es braucht, den Körper zu trainieren. Ziel bei meinen Vorträgen ist es, Impulse zu setzen als Startpunkt, den Zugang zu Denkmustern zu verändern. Das Machen, das Durchziehen ist dann allerdings Sache jedes Einzelnen."

Passende Metapher dazu ist eine 200 Kilometer lange Gerade, die es zurückzulegen gilt: „Das ist eine äußere Realität, die konstant bleibt. Was man verändern kann, ist die persönliche Einstellung dazu. Mit Fluchen und Hadern wird die Gerade nicht kürzer, der Weg nicht einfacher. Wenn ich mich jedoch mit der Geraden anfreunde, einen Kilometer nach dem anderen abhake, mich darüber freue, dass die 200 Kilometer weniger werden, dann werde ich weniger Energie verschwenden und die Aufgabe mit mehr Freude positiv meistern."

Wichtig ist für Wolfgang die Bewegung in der Natur, die Fähigkeit, die Umwelt bewusst wahrzunehmen, auch kleine Erfolgserlebnisse anzunehmen und zu würdigen. Es ist nicht notwendig, auf einen Achttausender zu warten. Die Überwindung von 200 Höhenmetern ist auch ein Erfolg. Und dafür zu sorgen, dass das Umfeld positiv ist. Dafür ist man selber verantwortlich, nie der andere. Wolfgang: „Erfolg heißt ja nicht, nur in einem Bereich extrem erfolgreich zu sein und dabei seine Sümpfe, die jeder hat, einfach zu vernachlässigen. Das wäre nur ein scheinbarer, nach außen gerichteter Erfolg. Erfolg ist vielmehr, sämtliche Lebenssphären in eine gesunde Balance zu bringen."

Noch ein wichtiges Prinzip laut Wolfgang Fasching: Man muss sich das, was man schaffen will, auch vorstellen können. Genau, wie sich Wolfgang vorstellen konnte, auf den Mount Everest zu steigen und wieder gesund herunterzukommen. Und nicht zu sagen: „Ich bin mir nicht sicher, ob ich es schaffe, aber ich probiere es." Everest-Bezwinger Fasching: „Wenn ich es mir vorstellen kann, dann arbeite ich im Kopf ständig damit. Man muss Gefühle zulassen, in sein Leben integrieren. Denn Erfolg ist ja auch ein Gefühlszustand. Und den Körper plus die Seele mitnehmen, Spiritualität zulassen, denn das gibt Kraft."

*** Die Seven Summits**

- Mount Everest: 8848 m, Himalaja, höchster Gipfel Asiens
- Aconcagua: 6962 m, Anden, Chile, höchster Gipfel Südamerikas
- Mount McKinley: 6195 m, Alaska, höchster Gipfel Nordamerikas
- Kilimandscharo: 5892 m, Kenia, höchster Gipfel Afrikas
- Elbrus: 5642 m, Kaukasus, Russland, höchster Gipfel Europas
- Mount Vinson: 4897 m, Ellsworth-Mountains, Antarktis, höchster Gipfel der Antarktis
- Carstensz Pyramide: 4884 m, Maokegebirge, Neuguinea, höchster Gipfel Ozeaniens

6. Anti Doping vs. Corporate Governance

oder: Der Geist des Wettbewerbes vs. die Buchstaben der Wettbewerbsregeln

Mir geht es bei dieser Betrachtung nicht um gut und böse, richtig oder falsch. Ich lehne Doping, Drogenkonsum sowie unlautere Methoden grundsätzlich ab. Doch solange das Maximierungsprinzip als Maxime heutiger Weltordnung gelebt wird, ist die Versuchung natürlich groß, schneller, besser, reicher, schöner, jünger, leistungsfähiger sein zu wollen als der andere.

Sehr oft wird versucht, den persönlichen Nutzen auf Kosten der Gesellschaft, der Ressourcen, auf Kosten sozialer Werte zu maximieren. Nur der Sieg zählt, der Zweite ist der erste Verlierer. Die Natur des Menschen mit all seiner Neugier, seinem Forschungsdrang, der Erkenntnissuche verschiebt die Grenzen des Machbaren immer weiter. Das passiert durch technologische Fortschritte, evolutionäre physische Veränderungen oder einfach durch Informationsvielfalt, die angeboten und verarbeitet wird und so zu neuem Wissen führt. Hier: Biochemische Prozesse im Körper werden besser verstanden, wirkungsvollere Präparate entwickelt. Dort: Das Finanz- und Wirtschaftssystem erfindet laufend neue Produkte. Die Spirale dreht sich weiter und weiter. Damit das System nicht außer Kontrolle gerät, braucht es Spielregeln. Solche für das gesellschaftliche Zusammenleben, die Weltwirtschaft, für Produkte, den Straßenverkehr oder eben für den Sport. Diese Spielregeln haben das Ziel, negative Auswüchse einzufangen und Referenzpunkte für die Menschen zu schaffen. Im besten Fall schaffen sie es, ein gemeinsames Werteverständnis zu vermitteln. Wo es kein strukturiertes Gefüge gibt, herrscht Chaos oder dessen rabiater Bruder, die Anarchie.

Kurz nachdem Ben Johnson überführt worden war, bei den Olympischen Spielen 1988 in Seoul mit Steroid Stanazolol gedopt zu haben, setzte die kanadische Regierung den Richter

Charles L. Dubin als Kopf eines Untersuchungsausschusses ein. Das Ergebnis dieses Ausschusses war die bis zu diesem Zeitpunkt genaueste und progressivste Bestandsaufnahme zu diesem Thema. Dubin benannte darin das Problem im Sport folgendermaßen:

„Ich fürchte, dass Betrug im Sport ein Abbild unserer Gesellschaft ist. Drogen und die rücksichtslose Jagd nach Reichtum und Ruhm um jeden Preis gefährden das Fundament unserer Gesellschaft. Kein Wunder, dass dieser Ungeist auch im Sport angekommen ist. Natürlich hat es Betrug in der Geschichte der Olympischen Spiele immer gegeben, aber die Methoden heute sind innovativer und weiter verbreitet. Mehr als das: Betrug durch den Einsatz leistungssteigernder Mittel hat epidemische Ausmaße erreicht."[2]

Ich fürchte, ich werde in diesem Kapitel nicht in der Lage sein, Antworten zu geben. Ich bin mir der Sensibilität des Themas absolut bewusst. Mir ist es jedoch ein Anliegen, zum Nachdenken anzuregen, einen neuen Blickwinkel zu beschreiben. Immerhin: Der Fall Ben Johnson ist mittlerweile über 20 Jahre her!

Man darf eins nicht vergessen: Der Profisport stellt einen gigantischen Macht- und Wirtschaftsfaktor dar, außerdem repräsentiert er ausgeprägte politische Interessen. Damit hat sich der Profisport von den postulierten Grundideen wie Ethik, Fairness, Ehrlichkeit, aber auch Gesundheit wegbewegt und unterliegt als Teil des Wirtschaftssystems den Gesetzen des Marktes. Natürlich muss es das allgemeine Bestreben sein, diesen Wertekanon im menschlichen Zusammenleben hochzuhalten. Leider kann auch das globale Wirtschaftssystem diesen Idealen nicht oder nur kaum gerecht werden. Der Hochleistungssport wie auch unser Wirtschaftssystem laufen Gefahr, zu pervertieren. Die Medien- und Konsumwelt wirkt dabei als Katalysator.

2 http://www.buckingham.ac.uk/publicity/academics/articles/ioannidis-lrodis.pdf

Im Sport passiert dies durch die Umformung der Hochleistungskörper – getrieben von technischen und medizinischen Innovationen –, in der Wirtschaft durch die immerwährende Forderung nach Wachstum, ungesund hohen Renditen und dem Schrei nach Shareholder-Value als wichtigster Maxime der Unternehmensausrichtung. Dieses Prinzip stellt als Managementkonzept den Erfolg der Aktionäre in den Mittelpunkt der Geschäftspolitik. Dazu gehört eine aktionärsfreundliche Informationspolitik (Corporate Governance), aber auch eine langfristig überdurchschnittliche Eigenkapitalrendite. Besonders die Renditeforderungen führten zu immer höheren spekulativen Risiken, die sich von einer weiteren Forderung des Shareholder-Value-Prinzips, nämlich der Konzentration auf das Kerngeschäft, und damit von der Realwirtschaft wegbewegten.

Denn es ist kaum anzunehmen, dass zum Beispiel ein Investitionsgüterproduzent Finanzderivate als Kerngeschäft betrachten kann. Ebenso wenig wie den Gewinn, den Porsche 2008 mit Volkswagenaktien erwirtschaftete: Er war höher als der Umsatz aus dem Kerngeschäft. Die „Welt" schrieb am 08. November 2008: „Mit dem Bau und dem Verkauf von Autos verdiente Porsche eine Mrd. Euro, 6,83 Mrd. Euro entfielen auf die ‚positiven Effekte aus Aktienoptionsgeschäften' aus der VW-Beteiligung."[3] Die dabei eingegangenen Risiken waren enorm und haben das Unternehmen ernsthaft gefährdet. Nun wird Porsche in den Volkswagenkonzern integriert – die kolportierten Verbindlichkeiten betrugen elf Milliarden Euro.

Sportsponsoring fordert, um als Investment attraktiv zu sein, hohe Renditen. Jeder eingesetzte Euro sollte ein Vielfaches an Werbewert bringen. Die gängige Bandbreite bewegt sich dabei zwischen drei und fünf Euro. Das bedeutet einen Return on Investment in der Höhe von 300–500 %! Hier schließt sich der Kreis, denn für die Sportler steigt durch diese Tatsache

3 Die Welt Online: http://www.welt.de/welt_print/article2691930/Porsche-Gewinn-erstmals-hoeher-als-Umsatz.html

der Leistungsdruck enorm und mit ihm die Bereitschaft, das Leistungsvermögen unlauter zu steigern. Spätestens jetzt wird klar, warum es Gesetze und Regelwerke braucht, und zwar auf beiden Seiten.

„Spieltheoretisch gesprochen ist betrügerische Buchhaltung zum Zweck, eine Firma besser aussehen zu lassen, als sie ist, vergleichbar mit einem Sportler, der dopt, um bessere Leistung erbringen zu können. Wir untersuchen das mit demselben Modell in beiden Bereichen. Dazu nehmen wir heterogene Gruppen, etwa Spitzenathleten gegen Durchschnittssportler oder Topmanager gegen ihre Kollegen, die in der Hierarchie nicht so weit oben stehen. Interessanterweise laufen manche der erhobenen Parameter dabei in Zyklen ab. Wir bekommen Phasen des Dopings, die von cleanen Phasen abgelöst werden, saubere Buchführung wechselt sich zyklisch mit betrügerischer ab. Grundsätzlich gesprochen neigen die Hochtalentierten hier wie da eher zum Betrug als ihre durchschnittlichen Kollegen. Interpretiert man ‚Doping' buchstabengetreu, passt unser Ansatz sehr präzise auf die Welt des Sports und wir werden ihn auch weiter verfolgen. Aber er funktioniert auch außerhalb.

Stellen wir uns zum Beispiel den Wettkampf zwischen zwei Bereichsleitern vor, die darum kämpfen, in die nächste Managementebene vorzustoßen. Die beiden Konkurrenten haben unterschiedliche Stärken und Schwächen. Derjenige, dessen Abteilung die besseren Ergebnisse liefert, steigt in die nächste Ebene auf. Das Äquivalent zu Doping wäre in diesem Fall die krumme Interpretation von Leistung: Sie hat ihren Preis (wer beim Betrügen erwischt wird, fliegt raus), steigert aber die Chance auf den begehrten Titel. Wie im Sport gibt es nur einen Sieger: Es ist nur ein Job zu vergeben. Wenn wir einen Schritt weiter gehen, finden wir dasselbe Muster zwischen Firmen, die um einen Investor kämpfen. Jener CEO, der den höchsten Profit verkündet und die Öffentlichkeit von einer strahlenden Zukunft für seine Firma überzeugt, hat die besten Chancen auf ein Leben an der Sonne und dicke Boni. Wer den finanziellen Status seiner Firma schönt, leitet Geld von anderen Firmen zur betrügerischen um. Das ist, genau wie beim Sportler, ein externer Faktor. Auf diese Art dopt man mithilfe eines Wirtschaftsprüfers. So kann man Enron und Worldcom als Dopingfälle sehen, und die Prüfungsgesellschaft Arthur Andersen war ihr Amphetamin."[4]

Nun gibt es im Sport Regelwerke, die das Interagieren definieren: Wer zu oft foult, kriegt eben die rote Karte. Genauso kennt auch die Wirtschaft Regelwerke, doch eine rote Karte für Fouls ist hier nicht vorgesehen. Daneben gibt es da wie dort einen Kodex: anti Doping auf der einen, Corporate Governance auf der anderen Seite. Beide haben zum Ziel, dem Beobachter, Marktteilnehmer, Kunden oder Investor über geeignete Kontrollmechanismen einen möglichst hohen Transparenzgrad zu garantieren (Informationspolitik). Investoren und/oder Shareholder wollen ja wissen, bei welchem Unternehmen sie Geld investieren und welche Rechte (Cashflow, Stimmrechte) sie durch den Kauf von Aktien ausüben können. Sie wollen (zu Recht) wissen, ob der Vorstand seriös arbeitet, ob Gesetze und ethische Prinzipien eingehalten werden. Genauso berechtigt kann man annehmen, dass Zuschauer von Sportveranstaltungen wissen wollen, ob ihre Idole den Wettkampf mit fairen Mitteln austragen.

Das Online-Lexikon Wikipedia bietet die folgende Definition von Corporate Governance an:

„Corporate Governance umfasst allgemein die Gesamtheit aller internationalen und nationalen Werte und Grundsätze für eine gute und verantwortungsvolle Unternehmensführung und -überwachung, welche sowohl für die Mitarbeiter als auch für die Unternehmensführung von Unternehmen gelten. Corporate Governance ist kein international einheitliches Regelwerk, sondern bis auf einige wenige international anerkannte, gemeinsame Grundsätze ein länderspezifisches Verständnis

4 übersetzt aus: http://scholar.google.com/scholar?hl=de&client=safari&rls=de-de&q=author:%22Berentsen%22+intitle:%22Fraudulent+accounting+and+other+doping+games%22+&um=1&ie=UTF-8&oi=scholarr

verantwortungsbewusster Unternehmensführung. Neben länderspezifischen Corporate-Governance-Bestimmungen existieren aber auch länderübergreifende, branchenspezifische Regelungen.

Corporate Governance ist dabei sehr vielschichtig und umfasst obligatorische und freiwillige Maßnahmen: das Einhalten von Gesetzen und Regelwerken (Compliance), das Befolgen anerkannter Standards und Empfehlungen sowie das Entwickeln und Befolgen eigener Unternehmensleitlinien. Ein weiterer Aspekt der Corporate Governance ist die Ausgestaltung und Implementierung von Leitungs- und Kontrollstrukturen.

Kennzeichen guter Corporate Governance:

- Funktionsfähige Unternehmensleitung
- Wahren der Interessen verschiedener Gruppen (z.B. der Stakeholder)
- Zielgerichtete Zusammenarbeit der Unternehmensleitung und -überwachung
- Transparenz in der Unternehmenskommunikation
- Angemessener Umgang mit Risiken
- Managemententscheidungen sind auf langfristige Wertschöpfung ausgerichtet

Gute Corporate Governance gewährleistet verantwortliche, qualifizierte, transparente und auf den langfristigen Erfolg ausgerichtete Führung und soll so der Organisation selbst, ihren Eigentümern, aber auch externen Interessengruppen (Geldgebern, Absatz- und Beschaffungsmärkten, der Gesellschaft, den Bürgern) dienen."

Es geht dabei um gesetzlich vorgeschriebene Offenlegungen. In der Praxis ist die Nichteinhaltung des Corporate-Governance-Kodex oder die Angabe von Abweichungen von Empfehlungen nahezu folgenlos. Es gibt keine rote Karte.

Interessant.

Im Sport wird gerade heftig diskutiert, ob der Sportler, der dopt, strafrechtlich verfolgt werden soll, der Teammanager aber nicht. Was hieße das auf die Wirtschaft umgelegt? Das würde bedeuten, dass der Mitarbeiter angeklagt würde, der CEO jedoch ungeschoren davonkäme. Die Forderung kann nur lauten, dass ein Profisportteam als Unternehmen mittelständischer Größe ebenso für seine Mitarbeiter, die Sportler, zur Verantwortung gezogen werden muss.

Der Erfolgs- und Renditedruck im Spitzensport beginnt beim Sponsor, setzt sich über den Teammanager (CEO), den sportlichen Leiter (COO) bis hin zum Sportler (Angestellter) fort. Einzig die Stars (vor allem in Teamsportarten) sind nicht „weisungsgebunden". Der „normale" Profisportler hat seine ihm aufgetragene Aufgabe bestmöglich zu erfüllen wie jeder Angestellte in einem Unternehmen auch. Wer dazu trotz bestem Bemühen nicht in der körperlichen Verfassung ist, hat zwei Möglichkeiten: zu dopen oder einen anderen Job zu machen. Folglich gibt es für jeden Sportler die theoretische Wahlmöglichkeit, sich gegen Doping oder – wenn das Leistungsvermögen ohne illegale Mittel nicht ausreicht – für einen normalen Job zu entscheiden.

Mein Lösungsansatz: Bildung kann einen guten Beitrag zur Reduktion der Dopingproblematik leisten. Denn Bildung ist die Grundlage für die Wahlmöglichkeit eines Jobs. Wer nicht auf den Sport als einzige Möglichkeit des Broterwerbs angewiesen ist, kann objektiv betrachtet wählen. Jetzt liegt es nur mehr an der Persönlichkeit des Sportlers, nicht mehr an äußeren Faktoren.

Sehen wir uns den Anti Doping Code genauer an. Die Grundsätze, die er beinhaltet, kann man unter http://www.nada.at/files/doc/Regelwerke/WADA_Code_09_deutsch.pdf downloaden, hier ein Auszug:

„Anti-Doping-Programme sind darauf ausgerichtet, die wahren, mit dem Sport ursprünglich verbundenen Werte zu erhalten. Dieser wahre Wert wird häufig als ‚Sportsgeist' bezeichnet; er macht das Wesen des Olympischen Gedankens aus; er entspricht unserem Verständnis von Fairness und ehrlicher sportlicher Gesinnung. Der Sportsgeist ist die Würdigung von Geist, Körper und Verstand des Menschen und zeichnet sich durch die folgenden Werte aus:

- Ethik, Fairness und Ehrlichkeit
- Gesundheit
- Hochleistung
- Charakter und Erziehung
- Spaß und Freude
- Teamgeist
- Einsatzbereitschaft und Engagement
- Anerkennung von Regeln und Gesetzen
- Respekt gegenüber der eigenen Person und gegenüber anderen Teilnehmern
- Mut
- Gemeinschaftssinn und Solidarität."

Wir sehen: Doping steht im grundlegenden Widerspruch zum Geist des Sports.

Um den Sportsgeist im Zuge der Dopingbekämpfung zu fördern, sieht der Code vor, dass die Anti-Doping-Organisationen Erziehungsprogramme für Athleten, einschließlich für junge Sportler, und für Athletenbetreuer entwickeln und umsetzen.

Zielsetzung, Geltungsbereich und Organisation des Welt-Anti-Doping-Programms und -Codes

Das Welt-Anti-Doping-Programm und der Code haben folgende Ziele:

- Schutz des Grundrechts der Athleten auf Teilnahme an dopingfreiem Sport und somit weltweite Förderung der Gesundheit, Fairness und Gleichbehandlung der Athleten
- Sicherstellung harmonisierter, koordinierter und wirksamer Anti-Doping-Programme auf internationaler und nationaler Ebene zur Aufdeckung und Verhinderung von Verstößen gegen Anti-Doping-Bestimmungen sowie zur Prävention.

Man will also die wahren, mit dem Sport ursprünglich verbundenen Werte erhalten. Ich unterstütze die Umsetzung dieser

Werte zu 100 %, erlaube mir jedoch die Frage, wie realistisch diese Forderung an den Sport als Teil eines Wirtschaftssystems, das diese Werte nur sehr sparsam vertritt, überhaupt sein kann. Als ehemaliger Sportler, der heute in der Wirtschaft tätig ist, möchte ich den Spieß gerne umdrehen: Ich wünsche mir diese wahren Werte des Sports auch für die Weltwirtschaft.

Erinnern wir uns an Zeiten vor dem Fall der Mauer. Damals wurden Sportler aus den Oststaaten für politische Interessen und Machtdemonstrationen instrumentalisiert. Sie sollten als Beweis für die Leistungsfähigkeit des alternativen gesellschaftlichen Systems dienen. Platz für die wahren Werte des Sports gab es schon damals kaum, wenn auch Sportler in der Parallelwelt des Wettkampfes sehr fair miteinander umgingen und großteils ihre Träume lebten.

Heute, wo es um große Summen geht, wo Sponsoren hohe Präsenz und Erfolge verlangen, läuft der Sport Gefahr, dass diese wahren Werte in den Hintergrund rücken und Ethik, Fairness und Ehrlichkeit durch Scheinmoral, Erschleichen eines Wettbewerbsvorteils und gezielte (Nicht-)Kommunikation (nur so viel nach außen dringen lassen wie notwendig) ersetzt wird.

Die Gesundheit der Sportler wird dabei bewusst aufs Spiel gesetzt, Menschen im Umfeld brennen aus. Ausreizen der Hochleistung findet sein wirtschaftliches Äquivalent in Ergebnismaximierung, in Übertraining, im Burn-out. Das bedeutet, dass generelle gesellschaftliche Werte durch den „Geist der Materie", nämlich Geld, ersetzt wurden.

„Das Image des Sports kann nur durch harte Maßnahmen geschützt werden, die das Ziel haben, diese ‚Kultur' des Betrugs gänzlich zu eliminieren, die aus der stetig wachsenden Kommerzialisierung des Sports entstanden ist."[5]

Jonthan M. Macey entwickelt in seinem Buch „Corporate Governance, Promises Kept, Promises Broken"[6] die Idee, dass

5 http://www.buckingham.ac.uk/publicity/academics/articles/ioannidis-lrodis.pdf

6 Jonathan R. Macey, Corporate Governance, Promises Kept, Promises Broken; Princeton University Press, 2008.

Corporate Governance die Einhaltung von Versprechungen gegenüber Investoren ist:

„Versprechungen erzeugen Erwartungen beim Investor … Investoren, die nicht an die Versprechungen glauben, wenden sich ab. Der Kern von Corporate Governance ist, inwieweit die Firmen die Erwartungen der Investoren erfüllen. Profitmaximierung für die Eigentümer gilt weithin als Nummer-eins-Ziel jedes Unternehmens."

Und weiter: „Weniger, nicht mehr staatliche Regularien bringen Manager öffentlicher Unternehmen dazu, ihre Versprechen an die Investoren zu halten. Macey zeigt, wie mehr staatliche Kontrolle das wirksamste Kontrollinstrument gegen die Vergehen eines Selbstbedienungsmanagements unwirksam macht: den Markt. Er zeigt, dass es bei Corporate Governance darum geht, Versprechen an die Eigentümer zu halten. Wer das nicht schafft, reduziert Investorvertrauen, das führt zur Kapitalabwanderung und anderen fatalen wirtschaftlichen Konsequenzen."

Für Sportteams bedeutet das, dass sie Shareholder (Sponsoren) finden müssen, die den Versprechungen nach Erfolg und Werbewirksamkeit Glauben schenken. Wenn das Vertrauen ins Erreichen der Ziele sinkt, ziehen Investoren ihr Geld zugunsten jener mit besseren Erfolgsaussichten ab. Die finanzielle Lebensgrundlage des Unternehmens Sportteam ist entzogen. Daher werden im Kampf der beschränkten Ressourcen (möglicher Sponsoren) Versprechungen (Renditen), die oft mit transparenten Methoden nicht einlösbar sind, abgegeben; der Investor fordert natürlich den in Aussicht gestellten Return on Investment ein, aber das bitte selbstredend ohne faule Tricks. Die Folge ist die Versuchung, sich durch geheime Leistungssteigerung einen unlauteren Vorteil zu verschaffen, um die Versprechungen einlösen zu können und damit die ökonomische Grundlage zu sichern. Dies scheint ein sich selbst zu verstärkender negativer Kreislauf zu sein.

Um diesen zu durchbrechen, braucht es einen Paradigmenwechsel. Wenn die Werte der WADA gelebt werden sollen, dann erscheint auch ein Umdenken im Wirtschaftssystem notwendig. So könnte sich die Wirtschaft zum Beispiel an den WADA-Prinzipien orientieren, die ja ein für jede Gesellschaft allgemeingültiges Wertesystem darstellen. Das könnte so aussehen:

- Schutz des Grundrechts der Menschen auf Teilnahme an einem nachhaltigen Wirtschaftssystem und somit weltweite Förderung der Gesundheit, Fairness und Gleichbehandlung der Menschen.
- Sicherstellung harmonisierter, koordinierter und wirksamer Anti-Mobbing/-Diskriminierungs/-Betrugs-Programme auf internationaler und nationaler Ebene zur Aufdeckung und Verhinderung von Verstößen gegen Anti-Mobbing/-Diskriminierungs/-Betrugs-Bestimmungen sowie zur Prävention.

Mobbing/Diskriminierung/Betrug und Gier stehen im grundlegenden Widerspruch zum Geist der Wirtschaft. Um den Sportsgeist in der Wirtschaft zu fördern, sieht der Code vor, Anti-Mobbing/-Diskriminierungs/-Betrugs-Organisationen, Erziehungsprogramme für Mitarbeiter – einschließlich für Lehrlinge und Schüler berufsbildender Schulen sowie für Führungskräfte und Vorstände – zu entwickeln und umzusetzen.

Der Sport könnte diese Ideen im Sinne des Corporate-Governance-Kodex für Transparenz nach außen tragen. Alle börsennotierten Gesellschaften wären laut Kodex aufgerufen, sich durch eine öffentliche Erklärung zur Beachtung des Kodex zu verpflichten und die Einhaltung der einzelnen Regelungen regelmäßig und freiwillig durch eine externe Institution (Wirtschaftsprüfer) evaluieren zu lassen und darüber öffentlich zu berichten.

Transparenz durch freiwillige Selbstverpflichtung, das bedeutet nichts anderes als: Jene, die es ernst nehmen, werden kommunizieren. Die anderen eben nicht. Die Frage dabei ist, wie viel Transparenz noch Wert steigernd ist. Am Beispiel Radsport: Höhere Transparenz erfordert mehr Dopingkontrollen; mehr Dopingkontrollen bedeuten mehr positiv getestete Athleten; mehr positiv getestete Athleten bedeuten mehr negative Schlagzeilen; und die bedeuten weniger positiven

Imagetransfer und daher weniger potenzielle Sponsoren. Die Attraktivität des Sports, sein Marktwert, sinkt.

Noch so eine anstrengende Frage: Ab welchem Punkt führt zu viel Transparenz (sowohl im Sport als auch in der Wirtschaft) zu einem Verlust der Wettbewerbsfähigkeit? Wenn sich ein Land (nehmen wir Österreich, Sie können aber gern jedes beliebige einsetzen) extrem konsequent verhält und auf einer Skala von 1 (keine Transparenz) bis 10 (volle Transparenz) den aus ethischer Sicht wunderbaren Transparenzscore 10 anstrebt, ein anderes Land sich mit zum Beispiel 6 zufriedengibt, dann wird es Asymmetrien geben.

Aufgrund der Informationsasymmetrie findet kein fairer Wettbewerb statt.

Intransparenz in der Wirtschaft führt aber dazu, dass der Konsument keine Chance hat, herauszufinden, unter welchen Bedingungen Produkte produziert werden, welche Werte ein Unternehmen vertritt und lebt.

Wer die Idealwerte im Sport verletzt, hat mit strafrechtlichen Konsequenzen zu rechnen. Denn er begeht emotionalen Betrug am Sportkonsumenten, am Zuseher, an der Öffentlichkeit, am Sponsor.

Doch spielen wir unser Gedankenspiel weiter:

Unternehmen müssen eine verpflichtende Erklärung, in der die Anwendung des Kodex dokumentiert ist, abgeben. Das bedeutet für den Sport: Wenn öffentlich kommuniziert wird, dass die Leistungsfähigkeit mit allen legalen Mitteln maximiert wird, man aber nicht ausschließen kann, dass die Grenzwerte doch überschritten werden könnten, hat man die Forderung erfüllt, den Kodex eingehalten. Der Markt soll dann entscheiden, ob in so ein Unternehmen investiert wird oder nicht.

Man kann natürlich auch argumentieren, dass der freie Markt bzw. die frei wirkenden Marktkräfte das Problem Doping zu lösen imstande sind. Das würde bedingen, dass Doping generell freigegeben wird, Teams kommunizieren, welche Mittel verwendet werden (Forderung nach Transparenz erfüllt). Kontrollen würden sich dann auf den Wahrheitsgehalt der Kommunikation beziehen, der Sportler müsste selbst entscheiden, was er bereit ist zu tun, wie weit er gehen will. Und Zuseher, Sponsoren oder Medien hätten die Wahl, das Spektakel zu unterstützen oder eben nicht. Dann bräuchte zumindest nicht mehr gelogen werden. Doch das ist keine Option.

Wie konnte es überhaupt so weit kommen? Eine große Rolle spielen Macht und Geld. Mit der Kommerzialisierung des Sports hielten die nicht gerade sanften Regeln der Wirtschaft Einzug. Ohne Leistung gibt es keine Präsenz. Ohne Präsenz keine Sponsorengelder. Ohne Geld keinen Vertrag für die Sportler.

Eine These könnte sein: Wenn Geld und Renditen keine Rolle mehr spielen, wäre das Problem lösbar. Das würde bedeuten, dass Sponsoren wieder zu Mäzenen werden, die keine monetär messbare Gegenleistung für ihr eingesetztes Kapital erwarten. Die Gegenleistung wäre rein ideell, indem ein Beitrag zur Verbreitung der wahren, ursprünglichen Werte geleistet würde, zur Förderung der Jugend in den Dimensionen:

- Ethik
- Fairness und Ehrlichkeit
- Gesundheit
- Hochleistung
- Charakter und Erziehung
- Spaß und Freude
- Teamgeist
- Einsatzbereitschaft und Engagement
- Anerkennung von Regeln und Gesetzen
- Respekt gegenüber der eigenen Person und gegenüber anderen Teilnehmern
- Mut
- Gemeinschaftssinn und Solidarität

Dieser Ansatz ist zwar auch nicht sonderlich realistisch, aber weniger Renditedruck und Sportlerego – dafür mehr Bedeutung der Werte – wären möglicherweise ein guter Ansatz.

Wobei dann konsequenterweise der Sportleranspruch, bloß „der Beste" sein zu wollen, durch „Ich habe 100 % meines

Talents, meines natürlichen Leistungsvermögens ausgenützt" ersetzt werden müsste. Dann wäre jeder ein Sieger, egal ob Erster oder Letzter. Das klingt auch nicht gerade nach einer validen, realistischen Option. Denn die Annahme, dass die Gesellschaft Sieger sehen will, egal wie, scheint zulässig.

Ich behaupte an dieser Stelle, dass die Prinzipien, denen die Weltwirtschaft gehorcht, nicht die Idealwerte vertreten und dass Corporate Governance als freiwillige Selbstverpflichtung nicht ausreichen wird, um Unternehmen fairer agieren zu lassen. Aber es ist ein guter Weg, für den es Grundeigenschaften aus dem Sport braucht: Disziplin und Ehrlichkeit an erster Stelle.

Jede Anstrengung, sich den Werten anzunähern, ist wünschenswert und muss bedingungslos unterstützt, das Streben nach Transparenz positiv hervorgehoben werden. Dann steht womöglich einige Zeit nicht der absolute Sieger im Rampenlicht, sondern jener, der unter denen, die ihren Sport, ihren Beruf, nach den Sportidealen ausüben, als Erster über den Zielstrich sprintet.

Daher die Forderung: Werte statt Regeln!

Nachhaltiges Wirtschaften erscheint Erfolg versprechender, wenn der Handlungsrahmen durch Werte festgelegt ist. Werden Werte verinnerlicht braucht es kaum Regeln. Die Einhaltung des Referenzrahmens wird aus dem System heraus selbstverständlich gelebt.

Das bedeutet freilich nicht, dass es **keine** Regeln braucht.

Allerdings differieren Regeln oft vom persönlichen Werteempfinden des Individuums, Konflikte sind vorprogrammiert. Denn kaum jemand hält es lange aus, in einem System zu agieren, das diametral zu den eigenen Wertevorstellungen handelt. Eine gewisse Zeit mag das „Verbiegen" wohl gelingen. Ich denke jedoch nicht, dass dies dauerhaft funktionieren wird. Denn dabei wird die Seele krank – und damit der Körper. Die Missachtung von Werten löst in jedem Menschen eine innerliche Dissonanz aus.

Werte sind die Grundlage von Kultur und werden von Menschen bestimmt. Im Sport – mit dem Körper als Produktionsfaktor – lernt man, dass ökonomische Handlungen nur aus dem Geist entspringen können, aus Gedanken, die sich in der Realität manifestieren.

Daher kann gesagt werden: Der Mensch ist Ausgangspunkt jeder ökonomischen Handlung!

Früher war Wirtschaft für den Menschen da, heute hat man den Eindruck, dass sich Menschen der Wirtschaft unterordnen müssen. Doch: Welchen Return on Investment liefert ein Asset, wenn es nicht durch Menschen, die zueinander in Beziehung treten und Geschäfte abwickeln, zum Leben erweckt wird? Eine Fabrik ohne Menschen, von denen jeder Einzelne seinen Beitrag zur Entstehung von Produkten leistet, steht still. Maschinen sind nicht nur von Menschen produziert, sondern produzieren nur das, was sich Menschen ausgedacht haben. Der Gedanke an etwas ist der Ausgangspunkt jeder Handlung, aus Gedanken entstehen Visionen, aus Visionen Handlungen.

Damit ist der Mensch der Urknall jeder ökonomischen Handlung und sollte entsprechende Würdigung in der Abbildung des Unternehmenswertes erfahren. Im Sport bestimmen einzig die angewandten Fähigkeiten und Kompetenzen jedes Einzelnen, sie sind die Basis für den „Marktwert" des Sportlers. Das implizite Wissen kann nicht auf andere transferiert, nur in Modellen als Information, ausformuliert als Methode weitergegeben werden. Denn implizites Wissen entsteht durch Informationsaufnahme und daraus entstehenden Handlungen. Die physischen Assets – das Rennrad, der Rennski, das Tennisracket – sind nichts wert. Denn entscheidend ist, was der Mensch daraus macht.

In einer Unternehmensbilanz jedoch stehen physische Assets auf der Seite des Vermögens, Mitarbeiter hingegen werden als Kostenfaktor abgebildet.

Das sollte sich ändern.

7. Das bewegt Sport und Wirtschaft

(Reihenfolge beliebig)

- Zielstrebigkeit, nicht aufgeben
- Fokussierung
- Bereitschaft, an die Grenzen zu gehen
- Wertschätzung und Respekt für den Konkurrenten
- Fairness, Teamgeist
- Mit Erfolg und Niederlagen umgehen zu zu lernen
- Leidenschaft und Spaß
- Freude an dem, was man tut
- Arbeiten, um den Verstand zu beruhigen
- Ehrlichkeit, Bescheidenheit
- Den Erfolg nicht überbewerten
- Glauben, es schaffen zu können
- Fleiß – ohne üben geht es nicht
- überzeugt sein von der Idee
- andere von der Idee überzeugen
- Durchhaltevermögen
- die passende Balance finden, Spiritualität integrieren
- so viel Struktur wie notwendig schaffen
- Wertschätzung leben
- andere Kulturen verstehen lernen
- evolutionäres Wachstum
- den Traum leben
- Ausdauer
- Kreativität und spontane Problemlösungsfähigkeit
- Disziplin
- Umfeld schaffen, in dem jeder sein Potenzial ausschöpfen kann
- feiern, Erfolge genießen können

8. Karl Gamper

Autor und Entrepreneur

Karl Gamper ist für mich ein Hochleistungssportler im Bereich Bewusstsein und Business. Seit 1978 beschäftigt er sich mit diesen beiden Feldern als einer der Pioniere und Wegbereiter. Zunächst als Konzeptionist für bemerkenswert neu strukturierte Textkonzepte im Bereich Marketing. Mit internationaler Karriere. Seine Textkonzepte wurden mehrfach ausgezeichnet. Ab 1992 dann als Unternehmensberater und seit 2005 als Autor. Er ist einer jener wenigen Autoren, die mit ihren Büchern ihren Lebensunterhalt verdienen. Karl ist verheiratet mit Jwala, seiner Seelengefährtin. Jwala ist Schriftkünstlerin.

Ihre Signs by Jwala wurden eine internationale Marke. Die beiden schufen im Jahre 2000 in Tirol einen Kraftplatz, ein „AnderLand", wie Karl es nennt: das Claudiaschlössl. Mit einem Landhaus für inspirierende Stunden der Neuorientierung für Gäste.

Karl, wenn du das „Gavia-Prinzip" durch die Linse des Autors und Bewusstseinsforschers betrachtest, was zeigt sich?

Als Erstes fällt mir „Die Reise des Helden" ein, wie sie Mythenforscher Joseph Campbell (1904–1987) weltweit erforscht hat. Diese Reise führt in den Märchen aller Kulturen auf allen Kontinenten zu ähnlichen Stationen. Lege ich das um auf mein Erforschen und meine Interpretation, ist es anschaulich, sich die Landkarte dieser Reise wie eine Uhr vorzustellen. Zu Mittag hört der Held den Ruf. Er zögert. Soll er dem Ruf folgen? Soll er sich bereit machen für eine Leistung, die ihn aus der Komfortzone führen wird in das Unbekannte?

Unser Held wählt das Abenteuer und reist gegen den Uhrzeiger!

Nach dem Aufbruch in „naiver Euphorie" kommt der Punkt des „rüden Erwachens". Auf Punkt neun unserer Uhr. Der Held begegnet dem Drachen und hat mit diesem zu kämpfen. Der Drache symbolisiert den Schatten in uns. Jene Persönlichkeitsanteile, die wir gerne verdrängen und die doch gesehen und integriert werden wollen. Der Kampf mit dem Drachen ist ein langes Ringen, ein Prozess, der den Helden reifen lässt. Es begegnet ihm „Gavia" – Sieg und Niederlage in einem. Herausforderungen, die das Beste fordern.

Er bekommt ein Gespür für Flow und Erfolg ebenso wie Realität für Schmerz und Leid. So reist er von neun in Richtung sechs.

Auf Punkt sechs verändert sich die Reise unseres Helden und ein inneres Erwachen wird sichtbar. Die Aufmerksamkeit verlagert sich von außen nach innen. Eine heilsame Balance aus innerem Reichtum und persönlicher Bravour, sich den Anforderungen des Lebens zu stellen, beginnt zu wirken. Schmerz trennt sich von Leid, Gefühle von Emotionalität, Liebe von Angst. Zunehmend öffnet sich unserem Helden eine umfassendere Perspektive.

Er beginnt, die große Matrix des Lebens zu erahnen.

Macht diese Reise jeder Mensch und was genau geschieht auf Punkt sechs?

Jeder Mensch hört den Ruf. Wieder … und immer wieder. Doch nicht jeder Mensch folgt dem Ruf. Viele arrangieren sich und pendeln im engen Feld ihres Schicksals, erfahren Höhen und Tiefen, ups and downs – und glauben, dies sei der Lauf des Lebens. Etwas anderes könne es gar nicht geben.

Nicht so unser Held.

Zu Beginn der Heldenreise sehen zwar weder der Held noch seine ihn beobachtenden Freunde große Unterschiede zu einem herkömmlichen Leben. Doch das ändert sich radikal und irreversibel ab Punkt sechs. Unser Held begreift Schmerz als den Schrei des Körpers und erkennt im Leid die Story, die leidvolle Geschichte, die er um diesen Schmerz wieder und immer wieder erzählt. Auf Punkt sechs schält unser Held seine wiedergekauten Geschichten ab wie eine überflüssige Haut.

Er erlöst sich von seinen Storys wie von einem Mantel, der in die Jahre kam.

Und er beginnt tiefer einzutauchen in die mysteriöse und grandiose Struktur des Lebens. Ihm wird deutlich, dass Emotionen ein unerlöstes Gemisch sind aus Gefühlen und Gedanken. Emotionen sind nicht gefühlte Feelings, die er in sein Unbewusstes drückte, bis in die Faszien seines Körpers … bis zur Haltung, die er dem Leben gegenüber einnimmt. Er bemerkt seine eigene Emotionalität und weiß, wie sehr er in emotionalen Situationen recht haben will und anderen immer die Schuld zuweist. Daher wandelt unser Held seine Emotionen in Gefühle um, die er bewusst wahrnimmt und deren Energie er wieder zu sich zurückholt. Er beginnt, Projektionen als solche zu durchschauen. Doch der eigentliche Quantensprung ist das klare Erfassen der eigenen Bestimmung. Hier beginnt sich die Reise des Helden dramatisch zu wandeln.

Das wird ja immer spannender – einerseits. Doch auch irgendwie unverständlicher. Wo liegt denn der Unterschied zwischen Schicksal und Bestimmung und vor allem, wie geht denn die Reise weiter?

Dürfte ich für ein gut gelebtes Leben nur einen Punkt erhellen, so wäre das der Unterschied zwischen Schicksal und Bestimmung. Gleichzeitig liegen die Unterschiede so weit auseinander wie Tag und Nacht. Erschwerend kommt hinzu, dass diese Unterschiede komplex und vielschichtig sind. In gewissem Sinne müssen wir einen Pass erklimmen und überqueren. Fahren wir auf der anderen Seite ins Tal, so offenbart sich uns eine Landschaft, die mit der verlassenen nur noch eine entfernte Ähnlichkeit hat. Beide Landschaften mögen – wie bei deinem Gavia-Prinzip – im Italien unseres Lebens liegen und von außen möglicherweise ähnlich aussehen, doch das innere Klima ist wie hundert zu eins.

Denn als unser Held auf der Seite des Schicksals fuhr, zog er weite Bahnen, deren Form er nicht erkannte. Wie ich schon sagte, war seine Lebenslandschaft mal so, dann wieder so. Ups and downs. Jetzt, auf Punkt sechs seiner Reise, am „Scheide-Pass", versteht unser Held die Spuren in den Jahren seines Lebens und erkennt die Form des Schicksalsweges. Er sieht eine liegende Acht. Eine Möbiusschleife. Unser Held kann sehen und erkennt: Wie ein Hamster im Rad ist er stets durch die gleiche Schleife gerast, ohne sich im Sinne eines Erwachens wirklich weiterzubewegen.

Das ist Schicksal …

Ja, das ist tatsächlich das Wesen von Schicksal. Die alten Seher Indiens sprachen daher von Karma. Als Gefangene des Schicksals sind wir ein Opfer der Umstände und ringen – ohne es je zu durchschauen – mit den Schicksalsschlägen oder freuen uns, wenn wir zufällig einen Sonnenhügel erwischen. Die meisten denken dann, das habe etwas mit dieser oder jener Erfolgsmethode oder mit dieser oder jener Begegnung zu tun.

Wir finden Gründe …

… die aus deiner Sicht nicht stimmen.

Es wäre vermessen, das als meine Sicht zu bezeichnen. Meine Arbeit während der vergangenen Jahrzehnte bestand darin, aus einer kaum fassbaren Vielzahl von Möglichkeiten und Erklärungsangeboten das zu destillieren, was den ultimativen Unterschied ausmacht. Und das ist die existenzielle Unterscheidung zwischen Schicksal und Bestimmung. Daraus lässt sich unsere innere Landschaft neu formen. Mit alldem und einigem mehr, was sich dem Leser dieses Buches noch aus anderen Geschichten erschließen wird.

Wie verstehst du dann Bestimmung?

Das Beispiel mit dem Gavia-Pass ist sowohl praktisch als auch anschaulich. Jenseits des Schicksals ist die Bestimmung.

Wie ist das genau zu verstehen?

Wer die Landschaft des Schicksals verlässt, der fliegt auf dem Drachen seiner Bestimmung über die Höhen und Tiefen seiner Lebenslandschaft. Die meisten Menschen denken, sie müssten ihre Bestimmung mental ergründen. Das ist nicht notwendig, um die Not zu wenden. Wer sein Schicksal hinter sich lässt, dem offenbart sich seine Bestimmung. Es zeigt sich! Wir sehen vom Pass aus – um im Bild zu bleiben – die Konturen des eigenen Heimatlandes. Unser Herz weiß es. Es ist die Gewissheit über dem Wissen.

Ich weiß, meine Aussage ist unbefriedigend, dass wir unsere Bestimmung nicht denkend vorwegnehmen können; wir verherrlichen kollektiv unseren Verstand. Und dem Verstand ist es naturgemäß zuwider, etwas nicht zu verstehen. Doch tatsächlich ist die Öffnung unseres Lebens hin zu unserer Bestimmung ein Geschenk. Dieses Geschenk stellt sich ein, wenn wir einen erheblichen Teil unseres Schattens integriert haben und aus dem engen Tal der Angst fortgezogen sind.

Angst ist das kaum hörbare Hintergrundgeräusch im Schicksalsland. Angst versteckt sich hinter Masken wie Scham, Hass, Gier, Neid, Eifersucht und in allen Süchten. Der Gegenpol von Angst ist die Freude oder die Liebe.

Wo Liebe ist, kann keine Angst sein. Und umgekehrt.

Gibt es denn ein Leben ohne Angst?

Ja, ohne jeden Zweifel. Wichtig dabei ist, zwischen Furcht und Angst zu unterscheiden. Wenn du den Gavia-Pass – bei Regen, nasskalter Straße, eingepfercht in das Treiben eines Rennens, an Abgründen vorbei – in die Tiefe rast, dann wirst du so etwas wie eine gesunde Furcht empfinden, der du nicht nachgegeben hast. Im Gegenteil. Die Anforderungen aus der Situation haben sich mit deinen Fähigkeiten die Waage gehalten. Diese beiden Faktoren lösen Flow aus. Du gehst in der Situation auf. Es ist, als würde dich eine größere Kraft übernehmen und du bewegst dich in dem, was Psychologen auch „the zone" nennen. Alles fließt, du bist dieses Fließen und steuerst dieses Fließen, indem du mitfließt.

Angst hingegen ist eine synthetische Empfindung, die aus dem Mind kommt. Und weil wir kollektiv so sehr im Mind sind, haben wir auch kollektiv so viel Angst.

Wir steuern, indem wir mitfließen?

So ist es. Das ist eine zentrale Regel. Sowohl im Sport als auch im Management. Es ist eine goldene Regel für ein gut gelebtes Leben. Wir werden dadurch kein Fähnchen im Wind. Im Gegenteil. Wir reflektieren die Bälle, die uns das Leben zuspielt, und antworten aus dem Potpourri unserer Fähigkeiten, Vorlieben und Talente. Denn wir fliegen auf dem Drachen unserer Bestimmung.

Das klingt gut. Und wie geht die Reise weiter?

Unser Held reist nun vom Punkt sechs zum Punkt drei. Er erlebt hier einen steigenden Output jenseits von „naiver Euphorie".

Während dieser Reise durchschaut er mehr und mehr die tragenden Strukturen unserer dreidimensionalen Welt. Spiritualität wird das bestimmende Element, das Wasser seines Lebens. Unser Held ist wie ein Fisch, dem das Wasser, in dem er lebt, bewusst wird. Ab jetzt wird Spiritualität praktisch. Alltagstauglich. Immanent – nicht transzendent. Spiritualität – Spirit, der Geist – erkennt in der Materie das Geistige. Quantenphysiker, die modernen Priester der Wissenschaftskirche, betonen: „Das Universum ist Geist. Kosmos ist die darin herrschende Ordnung. Chaos der Treiber der Evolution."

Meine Frau Jwala nennt diesen Punkt in ihren wundervollen Zen-Signs „die Heimkehr". Denn tatsächlich ist das Leben eine Reise, bei der wir nie unsere Heimat verlassen. Die Vorstellung des Getrenntseins wird als grundlegende Illusion durchschaut.

Ich verstehe. Auf der anderen Seite des Passes, die wir möglicherweise als „the zone“ bezeichnen könnten, herrscht ein anderes inneres Klima.

Werden hier auch andere Fähigkeiten in uns wach?

Ja, wir etikettieren die Bälle, die auf uns zufliegen, nicht mehr als blinde Schicksalsschläge und wir hören mit Schuldzuweisungen auf. Wir übernehmen auf eine sehr gesunde Weise die Verantwortung für das Erleben unseres Lebens. Probleme werden zu Rätsel, die es zu lösen gilt.

Das Setting unseres Handelns verändert sich. Wir beginnen, Zufälle zu provozieren, achten auf Synchronizitäten und erkennen in diesen unser höchstes Glück. Das Verständnis von Zeit verändert sich grundlegend. Zeit wird mehr als Uhrenzeit. Zeit wird existenziell jene 4. Dimension, von der Einstein sprach. Zeit formt den Raum und wird in diesem Verständnis zu einer Quelle der Information. Der Bio-Information für unser Leben.

Daher planen wir weniger, tunen uns stattdessen mehr auf das ein, was wir wirklich, wirklich, wirklich dem Leben hinzufügen möchten – durch unser eigenes Leben. In einem meiner Bücher schrieb ich: „Das Tao nimmt wahr, indem es zum Wahrgenommenen wird.“ Wir sind das Leben, das wir gestalten. So gesehen wird das Leben ein kokreativer Tanz und die Frage „Wer tanzt mehr?“ entlarvt sich als unsinnig. Wer tanzt mehr – wenn alles tanzt im Spiel des Lebens?

Kennst du außer Jwala und dir Menschen, die so leben?

Ja, ich kenne viele Menschen, die so leben. Beinahe unser gesamter Freundeskreis bewegt sich in diesem Feld. Um so viele Menschen wie möglich zu ermuntern, das Leben sozusagen von der anderen Seite des Passes zu leben, porträtierte ich in den vergangenen drei Jahren etwa 50 Firmen und stellte diese in zwei Büchern unserem Leserkreis vor. Auf dem Klappentext von „Erfolg ist menschlich“ steht: „Wenn der Ruf nach dieser Art zu leben so stark wird, dass ich nicht mehr anders kann, dann:

wähle ich die Freude." Und weiter: „Wenn alles um mich herum zu geschehen beginnt; wenn ein Wunder auf das nächste folgt und sich Leben neu zeigt, dann folge ich meiner inneren Spur und mein Beitrag ist ein Beitrag zum Wohle aller."

Wenn du zum Abschluss nur einen Aspekt von der anderen Seite des Passes deutlicher herausgreifen dürftest, welcher wäre das?

Dann wähle ich die Freude. Freude ist in meinem Verständnis mehr als ein Gefühl. Freude ist eine Frequenz. Freude ist der gleichwertige Gegenspieler der Angst. Sozusagen der andere Pol. Wo Freude ist, kann unmöglich Angst sein. Das ist existenziell nicht möglich.

Wenn wir unseren inneren Radar auf die Frequenz der Freude einstellen, dann hören wir die Programme der Freude und nähren damit essenzielle Qualitäten wie Kooperation, Zusammenwirken auf der Basis gelebter Menschlichkeit, Freude an gemeinsamen Zielen, am gemeinsamen Erschaffen.

Freude ist eine Vorher-Energie. Bevor wir anfangen etwas zu tun, ist Freude da. Wenn Worte die verbale Verkörperung von Kraft und Ermächtigung sind, so ist Freude der innere Ton, auf dem wir schwingen und auf den wir eingestimmt sein können. Unser Leben lang. Freude.

Und was geschieht auf der Reise des Helden vom Punkt drei zur Zwölf?

Der Prinz fand seine Prinzessin. Zum Wohle aller leben die beiden gemeinsam weiter. Und wenn sie nicht gestorben sind, sind beide unter uns.

Der Autor

Arno Wohlfahrter, Jahrgang 1964, war über ein Jahrzehnt lang Mitglied des österreichischen Rennrad-Nationalteams, fünf Jahre lebte er als Profi und fuhr unter anderem für italienische Teams. Nach seiner sportlichen Karriere leitete er als Chefredakteur ein Radsport-Fachmagazin, graduierte an der California State University Hayward und an der Imadec-University und startete eine internationale Karriere bei einem Mineralölkonzern. Derzeit ist Arno Wohlfahrter, verheiratet, drei Kinder, wohnhaft in Perchtoldsdorf bei Wien, Prokurist einer Bank mit Sitz in Wien und leitet dort den Filialvertrieb. Das hindert ihn freilich nicht daran, noch immer regelmäßig Sport auszuüben.

novum VERLAG FÜR NEUAUTOREN

Der Verlag

„Semper Reformandum", der unaufhörliche Zwang sich zu erneuern begleitet die novum publishing gmbh seit Gründung im Jahr 1997. Der Name steht für etwas Einzigartiges, bisher noch nie da Gewesenes.
Im abwechslungsreichen Verlagsprogramm finden sich Bücher, die alle Mitarbeiter des Verlages sowie den Verleger persönlich begeistern, ein breites Spektrum der aktuellen Literaturszene abbilden und in den Ländern Deutschland, Österreich und der Schweiz publiziert werden.
Dabei konzentriert sich der mehrfach prämierte Verlag speziell auf die Gruppe der Erstautoren und gilt als Entdecker und Förderer literarischer Neulinge.

Neue Manuskripte sind jederzeit herzlich willkommen!

novum publishing gmbh
Rathausgasse 73 · A-7311 Neckenmarkt
Tel: +43 2610 431 11 · Fax: +43 2610 431 11 28
Internet: office@novumpro.com · www.novumpro.com

AUSTRIA · GERMANY · HUNGARY · SPAIN · SWITZERLAND